Sitzungsberichte der Heidelberger Akademie der Wissenschaften
Mathematisch-naturwissenschaftliche Klasse
Jahrgang 1990, 7. Abhandlung

Horst Zehe

„Gott hat die Natur einfältig gemacht, sie aber suchen viel Künste"

Goethes Reaktion auf die Fraunhoferschen Entdeckungen

Mit 4 Abbildungen

Vorgelegt in der Sitzung vom 30. Juni 1990

Springer-Verlag
Berlin Heidelberg New York London Paris
Tokyo Hong Kong Barcelona

Horst Zehe
Haußerstraße 150
D-7400 Tübingen

ISBN-13: 978-3-540-53259-0 e-ISBN-13: 978-3-642-46721-9
DOI: 10.1007/978-3-642-46721-9

Dieses Werk ist urheberrechtlich geschützt. Die dadurch begründeten Rechte, insbesondere die der Übersetzung, des Nachdrucks, des Vortrags, der Entnahme von Abbildungen und Tabellen, der Funksendung, der Mikroverfilmung oder der Vervielfältigung auf anderen Wegen und der Speicherung in Datenverarbeitungsanlagen, bleiben, auch bei nur auszugsweiser Verwertung, vorbehalten. Eine Vervielfältigung dieses Werkes oder von Teilen dieses Werkes ist auch im Einzelfall nur in den Grenzen der gesetzlichen Bestimmungen des Urheberrechtsgesetzes der Bundesrepublik Deutschland vom 9. September 1965 in der jeweils gültigen Fassung zulässig. Sie ist grundsätzlich vergütungspflichtig. Zuwiderhandlungen unterliegen den Strafbestimmungen des Urheberrechtsgesetzes.

© Springer-Verlag Berlin Heidelberg 1990

Die Wiedergabe von Gebrauchsnamen, Warenbezeichnungen usw. in diesem Werk berechtigt auch ohne besondere Kennzeichnung nicht zu der Annahme, daß solche Namen im Sinne der Warenzeichen- und Markenschutz-Gesetzgebung als frei zu betrachten wären und daher von jedermann benutzt werden dürften.
Satz: K+V Fotosatz GmbH, Beerfelden

2125/3140-543210 – Gedruckt auf säurefreiem Papier

Wolf von Engelhardt zum 80. Geburtstag

Vorbemerkung

Am 21. Juli 1817 notiert Goethe in seinem Tagebuch: *Hofmechanikus Körner[P] nach Weimar gehend. Noch nicht ganz geglückter Versuch die Streifen im Spektrum zu finden*[1]. Wenige Tage später, am 30. Juli, hält er fest: *Herr von Münchow[P], einige Bücher zurückbringend und die von [Lücke im Text] beobachteten Querstreifen im Spektrum vorzeigend*[2]. Etwa drei Monate zuvor, am 12. April 1817, hatte der Astronom Johann v. Soldner[P] der Münchner Akademie der Wissenschaften eine Abhandlung des Optikers Joseph Fraunhofer aus Benediktbeuern über die „Bestimmung des Brechungs- und Farbenzerstreuungs-Vermögens verschiedener Glasarten in bezug auf die Vervollkommnung achromatischer Fernröhre" vorgelegt[3]. Dies ist die Abhandlung, in der von der Entdeckung[4] der dunklen Streifen im Sonnenspektrum berichtet wird und die der Anlaß zu den Eintragungen in Goethes Tagebuch war; in die Lücke im Tagebuch ist Fraunhofers Name zu setzen.

Goethe hat sehr rasch auf die Fraunhofersche Untersuchung reagiert; den Anstoß mögen Münchow und Körner gegeben haben, die zu dieser Zeit ebenfalls mit

---

[1] Goethe Tagebuch, 21. Juli 1817. WA III 6, 79. – Das hochgestellte [P] bedeutet, daß der entsprechende Autor im nachstehenden Verzeichnis der Personen und Schriften aufgeführt wird. – Die Goethe-Zitate sind kursiv gesetzt.
[2] Goethe Tagebuch, 30. Juli 1817. WA III 6, 85.
[3] Vgl. den „Auszug aus den Verhandlungen in der mathematisch-physikalischen Klasse der Königlichen Akademie der Wissenschaften zu München. Versammlung am 12. Apr. 1817." Dort heißt es: „Hofrat v. Soldner legte eine Abhandlung des Herrn Fraunhofer in Benediktbeuern vor; Bestimmung des Brechungs- und Farbenzerstreuungs-Vermögens verschiedener Glasarten, [...]". (Journal für Chemie und Physik 19(1817), 77.)
[4] Die dunklen Linien im Sonnenspektrum wurden im Jahre 1802 von Wollaston[P] entdeckt, der seine Entdeckung aber nicht zu nutzen wußte; „seitdem sind dieselben", schreibt Herschel[P], „in allen ihren Einzelheiten mit aller der Schärfe und Genauigkeit, welche die ausgezeichnetsten Talente und die unbegrenzten Hülfsmittel an Instrumenten nur gewähren konnten, von dem berühmten Fraunhofer, dessen Verlust ewig zu beklagen sein wird, untersucht worden. Es scheint nicht, daß letzterer von der vorhergehenden Entdeckung des Dr. Wollaston einige Kenntnis gehabt habe, so daß er in dieser Rücksicht das volle Verdienst eines unabhängigen Erfinders hat." (Herschel, Vom Licht, § 418.)

dem Problem der „Verfertigung achromatischer Objektive" beschäftigt waren[5]. Goethe hat aber nicht nur den Fraunhoferschen Entdeckungen seine Aufmerksamkeit geschenkt; er hat auch nach Erscheinen seiner *Farbenlehre* die Entwicklung der physikalischen Optik überhaupt mit Interesse verfolgt. Das meiste von dem, was er zur Kenntnis nahm, hielt er freilich für eine Beschäftigung *mit bloßen Worten und Truggespinsten*[6], wobei er die *Träume des Herrn Malus*[P] *und Konsorten*[7] ebenso verdammte, wie das *Abrakadabra von Zahlen und Zeichen*[8] in den Kapiteln über Licht und Farbe in Biots[P] „Traité de Physique"[9], denn er glaubte zu bemerken, *daß jene Herrn vom Handwerk mit seltsamen Redensarten die einfach begreiflichen Erscheinungen verfinstern und aus dem Reiche der Natur in das Reich seltsamer Phantaseien auf ihrem eingebildeten exakten Wege hinüber schleppen*[10]. Fraunhofers Arbeiten trifft ein solcher Vorwurf ganz zuletzt; zu Recht hat man sie „glänzende Beispiele einer exakten, absolut zuverlässigen Untersuchung ohne alle Hypothesen" genannt, „mit genauem Bewußtsein, was wirklich bewiesen ist, und welche Genauigkeit erreicht ist"[11]. Goethe vermochte solche Qualitäten nicht zu erkennen, und Fraunhofers Anstrengungen mußten ihm letztlich als unsinnig erscheinen: Fraunhofers lebenslanges Bemühen galt der Vervollkommnung von Mikroskop und Fernrohr, also jenen Instrumenten, „die das menschliche Auge über die Schranken erheben, welche die körperliche Organisation seiner natürlichen Leistung setzt"[12]; Goethe aber sagt pointiert: *Der Mensch an sich selbst, in so fern er sich seiner gesunden Sinne bedient, ist der größte und genaueste physikalische Apparat, den es geben kann*[13] und: *Mikroskope und Fernröhre verwirren eigentlich den reinen Menschensinn*[14].

---

[5] Vgl. Münchow, Bemerkungen, S. 454. – Münchow war es mit Körners Hilfe gelungen, „durch schicklich gewählte farbige Gläser das Prismaspektrum, wirklich in die von Newton angedeuteten einzelnen Sonnenbilder, wenigstens für einige Hauptfarben" zu zerlegen und so „eine zur Messung [der Brechungsindizes] hinlänglich abgesonderte Darstellung der einzelnen Farbenbilder des Prismaspektrums" zu erreichen.
[6] Goethe an Schultz am 29. Juni 1829. WA IV 45, 314.
[7] Goethe an S. Boisserée am 1. Juli 1817. WA IV 28, 156.
[8] *Zur Naturwissenschaft überhaupt. Ersten Bandes viertes Heft* = LA I 8, 274.
[9] *Ich habe Biots Kapitel, wo er Licht und Farben behandelt, wieder angesehen; man fühlt sich, wie in ägyptischen Gräbern,* schreibt Goethe am 24. November 1817 an Schultz; *die Phänomene sind ausgeweidet und mit Zahlen und Zeichen einbalsamiert, der wissenschaftliche Sarg mit bunten Gestalten bemalt, welche die Experimente vorstellen, wodurch man das Unermeßliche, Ewige im einzeln zu Grabe brachte.* (WA IV 28, 310.)
[10] Goethe an Seebeck am 14. Januar 1817. WA IV 27, 316.
[11] Heinrich Kayser, Handbuch der Spektroskopie. Bd. 1, Leipzig 1900, S. 12.
[12] Ernst Abbe, Gedächtnisrede auf Joseph Fraunhofer. In: Gesammelte Abhandlungen. Bd. 2, Jena 1906, S. 320.
[13] Goethe, Maximen und Reflexionen (Hecker), Nr. 706.
[14] Goethe, Maximen und Reflexionen (Hecker), Nr. 502.

„Gott hat die Natur einfältig gemacht, sie aber suchen viel Künste" 9

In den nachfolgend abgedruckten Zeugnissen sind Äußerungen Goethes und ihm nahestehender Zeitgenossen über die Fraunhoferschen Entdeckungen zusammengestellt; sie belegen, daß Goethe zu einem sachkundigen und gerechten Urteil über das Fraunhofersche *Hokuspokus* weder willens noch imstande war. Von diesen Zeugnissen waren die Nrn. 7, 11 und die Variante von Nr. 2 ebenso wie das Körnersche „Promemoria" bisher ungedruckt. Gleiches gilt für das auf der Tafel als Abb. 4 wiedergegebene kolorierte Fraunhofersche prismatische Spektrum (vgl. Zeugnis Nr. 8), das unter Entwürfen und Abzügen von Tafeln zur Farbenlehre im Goethe-Museum in Weimar liegt.

Da eine genauere Kenntnis nicht vorausgesetzt werden kann, geht den Zeugnissen eine Darstellung der Fraunhoferschen „Bestimmung des Brechungs- und Farbenzerstreuungs-Vermögens" voraus. Von deren Ergebnissen wird jedoch nur das vorgetragen, was für das Verständnis der Zeugnisse, insbesondere von Zeugnis Nr. 7, unabdingbar ist[15].

„Bestimmung des Brechungs- und Farbenzerstreuungs-Vermögens verschiedener Glasarten"

„Bei Berechnung achromatischer Fernröhre"[16], so beginnt Fraunhofer seine Abhandlung, „setzt man die genaue Kenntnis des Brechungs- und Farbenzerstreuungs-Vermögens der Glasarten, die gebraucht werden, voraus. Die Mittel, welche man bisher zur Bestimmung desselben angewendet hat, geben Resultate, die unter sich oft sehr bedeutend abweichen; daher bei aller Genauigkeit, in Berechnung achromatischer Objektive, die Vollkommenheit derselben zweifelhaft ist, und zum Teile auch deswegen selten den Erwartungen ganz entspricht"[17]. Wollte man nämlich achromatische Linsenkombinationen exakt berechnen, müßte man den Brechungsindex n einer jeden Farbe des Spektrums eindeutig und reproduzierbar bestimmen können. Dies stößt aber auf Schwierigkeiten, weil man im Spektrum keine Farbgrenzen angeben kann, sondern die Farbbereiche kontinuierlich ineinander übergehen. Fraunhofer versucht daher, aus dem Spektrum durch farbige Gläser und Flüssigkeitsfilter Farben zu separieren (oder sie durch Flammen zu erzeugen), die homogen, d. h. prismatisch nicht mehr zerlegbar sind. Dies gelingt ihm zwar nicht, jedoch bemerkt er im Spektrum der meisten Flammen „zwischen der roten und gelben Farbe einen hellen scharf begrenzten Streifen"[18], der dieser

---

[15] Mit den Zeugnissen (und den übrigen verwendeten Quellen) wurde dabei ebenso verfahren wie in der Leopoldina-Ausgabe: die Orthographie wurde modernisiert, die Zeichensetzung beibehalten.
[16] Über Linsen, Linsenfehler und achromatische Fernrohre vgl. Körners „Untertäniges Promemoria".
[17] Fraunhofer, Bestimmung, S. 193f.
[18] Fraunhofer, Bestimmung, S. 197.

Bedingung genügt und sich bei den folgenden Untersuchungen als nützlich erweist. Fraunhofer versucht nun, aus jedem Bereich des Spektrums solch homogenes Licht zu erhalten, und bedient sich dazu einer sehr sinnreich erdachten Vorrichtung:

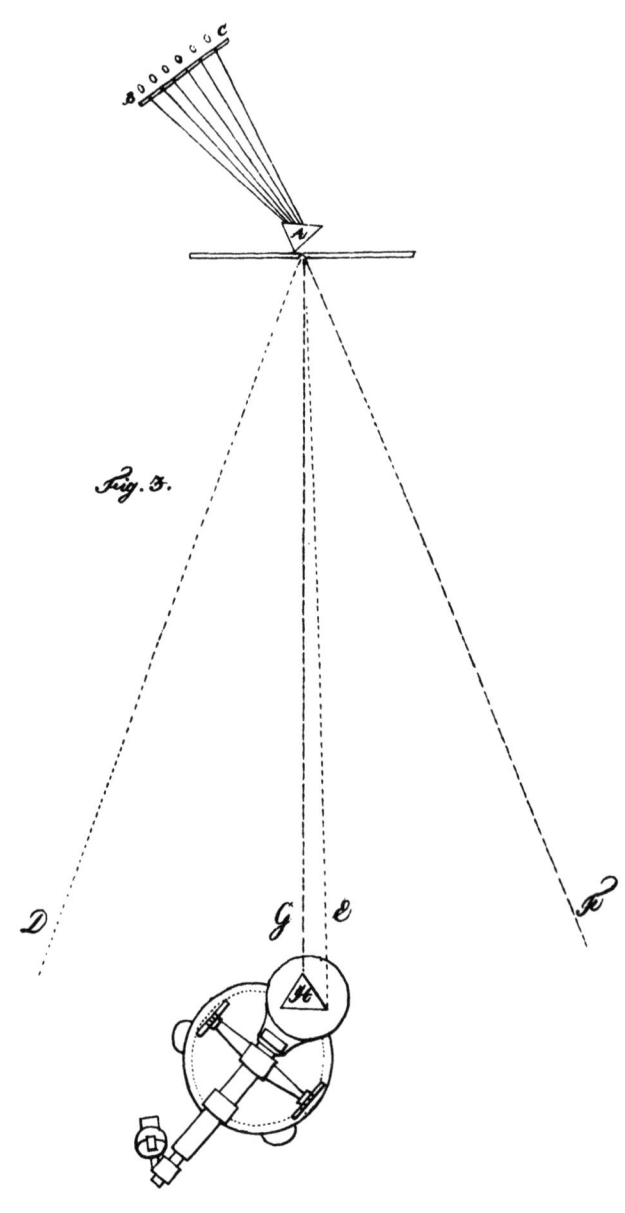

Abb. 1

"Gott hat die Natur einfältig gemacht, sie aber suchen viel Künste"   11

In einem Zimmer stehen auf einem Tisch sechs zueinander äquidistante Lampen BC (vgl. Abb. 1 = Fig. 3)[19], deren Licht durch die sechs schmalen Öffnungen eines Schirms zunächst auf das Flintglasprisma A und, von diesem gebrochen und in Farben zerlegt, durch die schmale Öffnung eines Fensterladens nach draußen fällt. Die Anordnung ist so gewählt, daß die roten Strahlen der Lampe C nach E und die violetten nach D gelangen, die roten der Lampe B dagegen nach F und die violetten nach G. Am Fenster eines etwa 225 m entfernten Hauses steht − in einer Ebene mit BAC − vor dem Fernrohr eines Theodoliten[20] (vgl. Abb. 2 = Fig. 1) das Prisma H, dessen Brechungs- und Farbenzerstreuungs-Vermögen bestimmt werden soll[21].

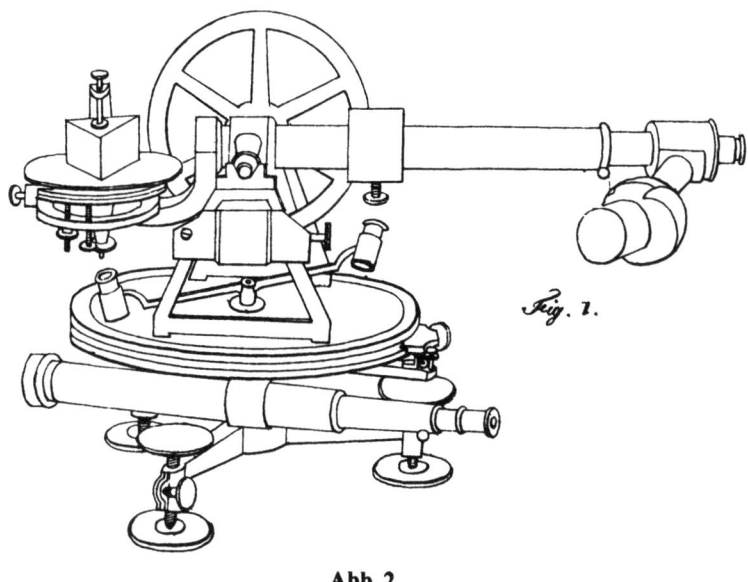

Abb. 2

Aufgrund der gewählten Anordnung erhält das Prisma H von der Lampe C nur rote, von der Lampe B nur violette und von den zwischen C und B liegenden Lampen Lichtstrahlen aus den zwischen rot und violett liegenden Bereichen des

---

[19] Diese und die beiden folgenden Abbildungen sind einer Tafel der Originalarbeit entnommen; vgl. Fraunhofer, Bestimmung, Tab. I, Fig. 3, 1 und 4.
[20] Der Theodolit − Fraunhofer schreibt das Theodolit − ist ein mit einem Fernrohr mit Fadenkreuz versehenes Winkelmeßinstrument, mit dem man sowohl Vertikal- als auch Horizontalwinkel äußerst genau messen kann. Zu Fraunhofers Meßverfahren vgl. Fraunhofer, Bestimmung, S. 195.
[21] Durch die große Entfernung zwischen A und H (vgl. Abb. 1) wird erreicht, daß nahezu paralleles Licht auf das Prisma H fällt.

Spektrums[22]. Man sieht daher durch das Fernrohr des Theodoliten ein Spektrum, wie es Abb. 3 (= Fig. 4) zeigt:

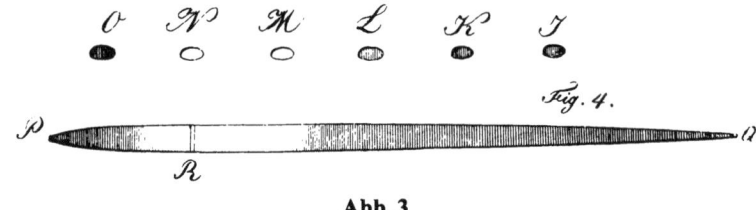

Abb. 3

Sechs voneinander isolierte und sehr schmale Flecken von homogener Farbe und zwar O rot, N orange, M gelb, L grün, K blau und I violett. Mit Hilfe des Theodoliten kann man sowohl die Abstände zwischen den Mitten der Flecken als auch die Winkel zwischen dem einfallenden und jedem der gebrochenen Strahlen messen und damit auch den Brechungsindex n für jeden farbigen Lichtstrahl von I bis O berechnen. Um seine Apparatur justieren zu können und für seine Messungen einen Fixpunkt zu gewinnen, bringt Fraunhofer genau senkrecht über der Öffnung im Fensterladen hinter dem Prisma A einen zweiten schmalen Spalt an, durch den das Licht einer direkt auf das Prisma H strahlenden Lampe fällt. Durch das umkehrende Fernrohr des Theodoliten sieht man dann das vom Prisma H erzeugte Spektrum PRQ des erleuchteten Spalts unterhalb der sechs farbigen Flecken O bis I (vgl. Abb. 3 = Fig. 4). Der Tisch mit den Lampen BC wird nun so justiert, daß sich bei jeder Meßreihe die Mitte des orangefarbenen Fleckens N genau senkrecht über dem auch im Spektrum PRQ deutlich erkennbaren hellen Streifen R befindet, in den Flecken O bis I also stets dieselben Stellen des Spektrums liegen; bei allen Messungen wird das Prisma H so ausgerichtet, daß der Lichtstrahl N es symmetrisch durchläuft, also minimal abgelenkt wird[23]. – Mit dieser Apparatur hat Fraunhofer die Brechungsindizes der Farben O bis I für unterschiedliche Glasarten und Wasser bestimmt.

---

[22] Stünde bei H anstelle des Prismas eine Lampe, so würde deren Licht vom Prisma A so zerlegt, daß das violette Ende dieses Spektrums bei B, das rote bei C läge; da der Lichtweg umkehrbar ist, kommt so die geschilderte spektrale Verteilung bei H zustande.

[23] Ist der Winkel des einfallenden Strahls dem des gebrochenen gleich, dann durchläuft der Lichtstrahl das Prisma symmetrisch und die Ablenkung, d. h. der Winkel zwischen einfallendem und gebrochenem Strahl, wird zu einem Minimum. Sind µ der Ablenkungswinkel und ψ der brechende Winkel des Prismas, so gilt in diesem Fall für den Brechungsindex n:

$$n = \frac{\sin \frac{1}{2}(\mu + \psi)}{\sin \frac{1}{2} \psi}$$

– wie Fraunhofer in seiner Abhandlung beweist. (Vgl. Fraunhofer, Bestimmung, S. 208.)

„Gott hat die Natur einfältig gemacht, sie aber suchen viel Künste"

Die entscheidende Verbesserung seines Verfahrens, Brechungs- und Zerstreuungs-Vermögen zu bestimmen, gelingt Fraunhofer beim Versuch, seine Apparatur so umzurüsten, daß sie auch für Sonnenlicht verwendbar wird:

„In einem verfinsterten Zimmer ließ ich durch eine schmale Öffnung im Fensterladen, die ungefähr 15 Sekunden breit und 36 Minuten hoch[24] war, auf ein Prisma von Flintglas, das auf dem oben beschriebenen Theodolit stand, Sonnenlicht fallen. Das Theodolit war 24 Fuß [7,8 m] vom Fensterladen entfernt, und der Winkel des Prisma maß ungefähr 60°. Das Prisma stand so vor dem Objektive des Theodolit-Fernrohres, daß der Winkel des einfallenden Strahles dem Winkel des gebrochenen Strahles gleich war. Ich wollte suchen, ob im Farbenbilde von Sonnenlichte ein ähnlicher heller Streif zu sehen sei, wie im Farbenbilde vom Lampenlichte, und fand anstatt desselben mit dem Fernrohre fast unzählig viele starke und schwache vertikale Linien, die aber dunkler sind als der übrige Teil des Farbenbildes; einige scheinen fast ganz schwarz zu sein. Wurde das Prisma so gedreht, daß der Einfallswinkel größer wurde, so verschwanden diese Linien; sie wurden auch unsichtbar, wenn der Einfallswinkel kleiner wurde. Bei einem größern Einfallswinkel wurden diese Linien wieder sichtbar, wenn das Fernrohr sehr bedeutend kürzer gemacht wurde. Bei einem kleinern Einfallswinkel mußte das Okular sehr viel herausgezogen werden, um die Linien wieder zu sehen. Wenn das Okular so gestellt war, daß man die Linien im roten Teile des Farbenbildes deutlich sah, so mußte es etwas hineingeschoben werden, um die im violetten Teile deutlich zu sehen. Wurde die Öffnung durch welche das Licht einfiel, breiter gemacht, so wurden die feinern Linien undeutlich, und verschwanden ganz, wenn diese Öffnung über 40 Sekunden breit war. Wurde die Öffnung über eine Minute breit gemacht, so waren auch die breiten Linien nur undeutlich zu erkennen. Die Entfernung der Linien von einander, und überhaupt ihr Verhältnis unter sich, blieb bei Veränderung der Öffnung am Fensterladen gleich, so wie auch die Entfernung des Theodolits von der Öffnung am Fensterladen sie nicht änderte. Das Prisma mochte aus was immer für einem brechenden Mittel bestehen, und der Winkel desselben groß oder klein sein, so waren diese Linien immer sichtbar, und nur im Verhältnis der Größe des Farbenbildes stärker oder schwächer, und daher leichter oder schwerer zu erkennen.

Selbst das Verhältnis dieser Linien und Streifen unter sich schien bei allen brechenden Mitteln genau dasselbe zu sein, so daß z. B. dieser Streif bei allen nur in der blauen Farbe, der andere bei allen nur in der roten sich findet; daher man leicht erkennt, mit welchen Streifen oder Linien man zu tun habe [...]. Die stärkern Linien machen keineswegs die Grenzen der verschiedenen Farben; es ist fast immer zu beiden Seiten einer Linie dieselbe Farbe, und der Übergang von einer Farbe in die andere unmerklich"[25].

---
[24] Fraunhofer gibt die scheinbare Größe des Spalts an; für die angegebene Entfernung entspricht dies einer Höhe von ca. 8 cm und einer Breite von ca. 0,6 mm.
[25] Fraunhofer, Bestimmung, S. 202f.

Auf einer der Abhandlung beigegebenen Kupfertafel hat Fraunhofer das Sonnenspektrum mit den dunklen Linien dargestellt (vgl. Abb. 4 = Fig. 5), wobei er die stärkeren Linien durch Buchstaben gekennzeichnet hat. Etwa bei der Linie A ist das rote, bei der Linie H das violette Ende des Spektrums; bei geringerer Helligkeit liegen die Grenzen der Sichtbarkeit bei B und H; zwischen diesen Grenzen hat Fraunhofer 574 Linien gezählt und die stärkeren von ihnen auch eingezeichnet[26].

„Ich habe mich durch viele Versuche und Abänderungen überzeugt", so versichert Fraunhofer, „daß diese Linien und Streifen in der Natur des Sonnenlichtes liegen, und daß sie nicht durch Beugung, Täuschung usw. entstehen"[27]. Läßt man anstatt des Sonnenlichts das Licht einer Lampe durch den Spalt im Fensterladen fallen, so zeigt sich auch nicht eine dieser Linien, sondern nur die schon zuvor beobachtete rötlichgelbe Linie R, die sich an genau dem gleichen Orte befindet wie die (aus zwei Linien bestehende) dunkle Linie D, mit dieser also einerlei Brechungsindex hat[28].

Fraunhofer ist sich über die Bedeutung der von ihm gefundenen Linien sofort klar: Zumindest die stärkeren von ihnen, also B, C, D, E, F und G sind ein vorzügliches Mittel, um das Brechungs-Vermögen der unterschiedlichen Glasarten und auch anderer Substanzen mit bisher nicht gekannter Zuverlässigkeit und Genauigkeit zu messen — zwar nur für ganz bestimmte Stellen des Spektrums, dort aber präzise für einen einzelnen (fehlenden) Farbton[29]. Fraunhofer bestimmt — bei

---

[26] „In den Versuchen von Fraunhofer (bei denen wir selbst, bei unserer Anwesenheit in München, zugegen waren), bei welchen, wegen der äußersten Deutlichkeit der feinsten Linien des Farbenbildes, jeder Gedanke von Verwirrung im Sehen, oder von einer Mischung der Strahlen wegfallen muß, sieht man, daß die Farben durch unmerkliche Abstufungen in einander übergehen, und denselben Umstand bemerkt man auch in den ausgemalten Darstellungen, die dieser ausgezeichnete Künstler in seiner ersten Untersuchung bekannt machte, und die mit der größten Sorgfalt und Treue ausgeführt sind." (Herschel, Vom Licht, § 424.) – Über die Herkunft des in Abb. 4 wiedergegebenen kolorierten Spektrums vgl. Zeugnis Nr. 8 und Anmerkung 68.

[27] Fraunhofer, Bestimmung, S. 204.

[28] Gegen Ende seiner Abhandlung bemerkt Fraunhofer, daß sich bei Verwendung eines sehr schmalen Spaltes und eines stark zerstreuenden Prismas zeigt, „daß die rötlich gelbe helle Linie dieses Spektrums aus zwei sehr feinen hellen Linien besteht, die in Stärke und Entfernung den beiden dunklen Linien D (Fig. 5) ähnlich sind." (Fraunhofer, Bestimmung, S. 222.)

[29] „Die Bestimmtheit dieser Linien", schreibt Herschel, „und ihre feste Lage, rücksichtlich der Farben im Spektrum, oder mit andern Worten, die Genauigkeit der Grenzen derjenigen Grade von Brechbarkeit, die den fehlenden Strahlen des Sonnenlichts zugehören, geben ihnen einen unschätzbaren Wert bei den optischen Untersuchungen, und setzen uns in den Stand, den optischen Messungen eine Genauigkeit mitzuteilen, die bisher unerhört gewesen wäre, und die Bestimmung der brechenden Kräfte der verschiedenen Mittel, rücksichtlich der Genauigkeit mit den astronomischen Beobachtungen beinahe in gleichen Rang zu stellen." (Herschel, Vom Licht, § 420).

"Gott hat die Natur einfältig gemacht, sie aber suchen viel Künste"

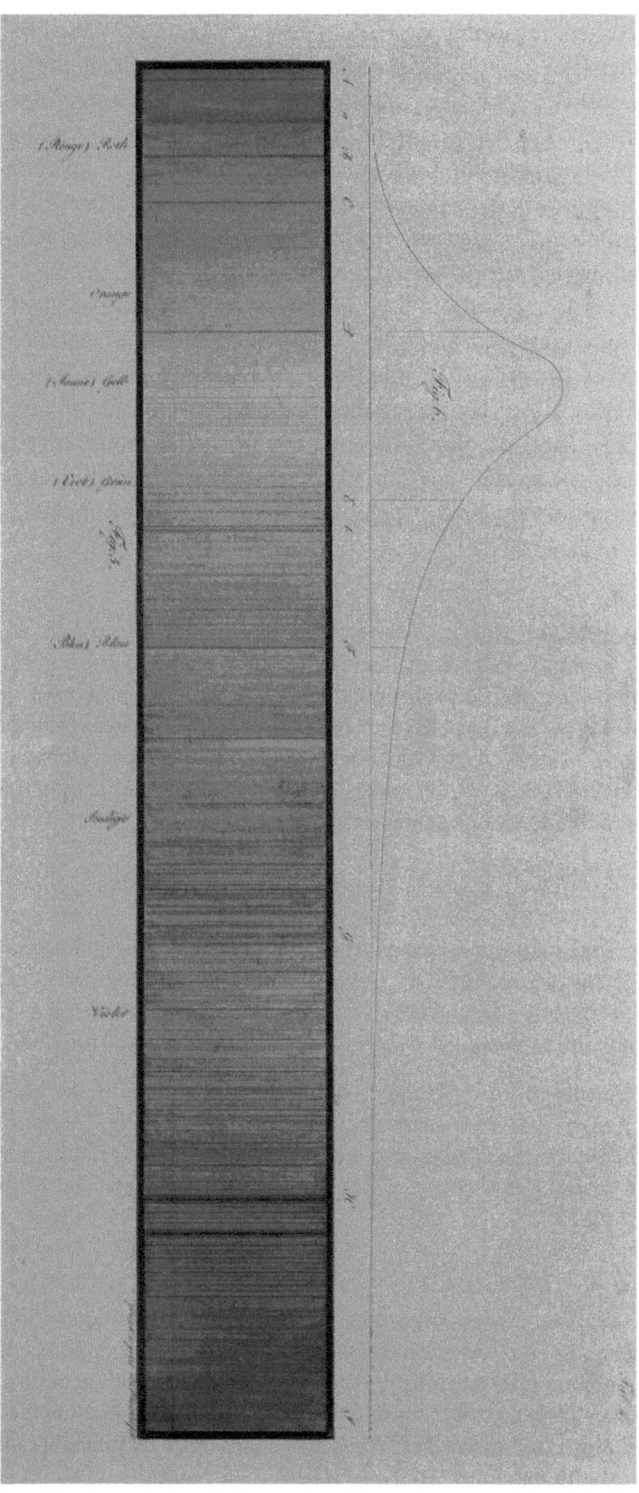

Abb. 4

minimaler Ablenkung durch das Prisma – mit Hilfe des Theodoliten den Abstand zwischen den Linien B, C, D usw. und daraus die Brechungsindizes n_B, n_C, n_D usw. auf sechs Stellen genau. Für je zwei der vermessenen Substanzen bildet er schließlich das Verhältnis der Teilzerstreuungen n_C-n_B, n_D-n_C usw. durch das gesamte sichtbare Spektrum hindurch und diskutiert die Möglichkeit achromatischer Kombinationen unter ihnen[30]. „Da bei achromatischen Objektiven", so erläutert Fraunhofer die Ergebnisse, „wenn die Farbenzerstreuung gehoben sein soll, sich die Brennweiten der Linsen ungefähr verhalten müssen, wie die Farbenzerstreuung der beiden Glasarten, das Verhältnis der Zerstreuung für die verschiedenen Farben aber ungleich ist, so ist klar, daß eine Abweichung übrig bleiben müsse[31], und es entsteht daher die Frage, welches Verhältnis zu nehmen sei, damit diese Abweichung dem deutlichen Sehen so wenig als möglich schade"[32]. Um diese Frage beantworten zu können, untersucht Fraunhofer durch ein geschicktes photometrisches Verfahren die Intensitätsverteilung des Sonnenspektrums und erhält als Ergebnis die entsprechende spektrale Empfindlichkeitskurve

---

[30] Die Farbenzerstreuung läßt sich heben, d. h. die Kombination zweier Substanzen wird achromatisch, wenn das Verhältnis ihrer Teilzerstreuungen durch das gesamte Spektrum hindurch konstant ist. Bei den von Fraunhofer untersuchten Substanzen sind die Abweichungen bei der Kombination Flintglas/Terpentinöl am geringsten. (Vgl. Fraunhofer, Bestimmung, S. 226 = Tabelle IV.) – Statt der partiellen Dispersionen (Teilzerstreuungen) benutzte man zur Kennzeichnung der optischen Eigenschaften einer Substanz später die mittlere Brechung n_D und die sogenannte Abbesche Zahl v

$$v = \frac{n_D - 1}{n_F - n_C}$$

also den Quotienten aus der mittleren Ablenkung (der um 1 verminderten mittleren Brechung) und der für den hellsten Teil des Spektrums gültigen mittleren Dispersion; heute verwendet man statt der Fraunhoferlinie D die grüne Quecksilberlinie $e = 546{,}1$ nm und statt der Fraunhhoferlinien F und C die Cadmiumlinien $F' = 480$ nm und $C' = 643{,}8$ nm.

[31] Um den Farbfehler bei der Abbildung durch die Linsen zu beheben, braucht man mindestens zwei Linsen, und auch dann läßt sich die chromatische Aberration (Farbabweichung) nur für zwei Farben völlig beseitigen. Kombiniert man zwei Linsen mit den Brennweiten f_1 und f_2 und den Abbeschen Zahlen v_1 und v_2, so lautet die Bedingung für die Achromasie:

$$\frac{v_1}{v_2} = -\frac{f_2}{f_1}$$

Man braucht also zwei Linsen entgegengesetzter Brechkraft $F(=\frac{1}{f})$ und unterschiedlicher Abbescher Zahl, also z. B. eine Konvexlinse aus Kronglas und eine Konkavlinse aus Flintglas, um die chromatische Aberration für die beiden den Fraunhoferschen Linien F und C entsprechenden Farben zu beseitigen. Es bleibt dann aber, wie Fraunhofer schreibt, „eine Abweichung übrig", und dieser Rest bildet das sogenannte sekundäre Spektrum.

[32] Fraunhofer, Bestimmung, S. 210.

für das Auge (vgl. Fig. 6 in Abb. 4)[33]. Bei dieser Untersuchung macht er aber noch eine weitere Entdeckung:

„Wenn man im Gesichtsfelde des Fernrohrs am Theodolit die rote Farbe des Spektrums hat, und das Okular so gestellt ist, daß man den Mikrometerfaden vollkommen deutlich sieht, und man bringt alsdann die blaue Farbe des Spektrums in das Gesichtsfeld, so sieht man bei unverrücktem Okulare den Mikrometerfaden nicht mehr. Um ihn wieder deutlich zu sehen, muß das Okular bedeutend viel dem Faden näher gerückt werden, und zwar um mehr als das Doppelte der Längenabweichung wegen der Farbenzerstreuung der Okularlinse. Dieses beweist, daß die verschiedenen farbigen Strahlen im Auge nicht einerlei Vereinigungsweite haben, und daß das Auge nicht achromatisch ist[34]. Das Maß, um wie viel bei den verschiedenen Farben das Okular verrückt werden müsse, um den Faden deutlich zu sehen, dient, wenn man noch auf die Farbenzerstreuung der Okularlinse Rücksicht nimmt, zur Berechnung dieser Abweichung, die nicht unbedeutend ist"[35].

Fraunhofer dehnt schließlich seine Untersuchungen auch auf das Licht der Sterne aus. Er setzt vor das Objektiv seines Theodolitfernrohrs eine Zylinderlinse und beobachtet mit dieser Vorrichtung – „ohne das Licht durch eine kleine Öffnung einfallen zu lassen"[36] – unmittelbar die Venus. Er überzeugt sich davon, daß deren Spektrum – soweit die geringe Lichtintensität eine genaue Beobachtung zuläßt – mit dem der Sonne identisch ist. Dagegen erscheinen im freilich noch lichtschwächeren Spektrum des Sirius und in den Spektren anderer Fixsterne Linien, die im Sonnenspektrum nicht zu finden sind.

In den Jahren nach 1817 untersucht Fraunhofer Beugungserscheinungen an Spalt und Gitter, die er durch das Fernrohr eines Theodoliten beobachtet und vermißt. Die Ergebnisse dieser Untersuchungen trägt er am 14. Juli 1821 der Münchner Akademie vor; sie werden 1824 im 8. Bande ihrer „Denkschriften" veröffentlicht[37]. Fraunhofer findet auch im Gitterspektrum[38] des Sonnenlichts

---

[33] Fraunhofer bestimmt die Empfindlichkeitskurve des Auges für das Sonnenspektrum; diese ist nicht identisch mit einer der spektralen Empfindlichkeitskurven, die in den modernen Lehrbüchern abgebildet sind, und die sich auf ein energiegleiches (synenergetisches) Spektrum beziehen.

[34] Den Farbfehler des Auges hat bereits Newton bemerkt (vgl. Newton, Opticks, Book I, Part II, Prop. VIII); Fraunhofer aber ist es als erstem gelungen, den Betrag der Abweichung zu bestimmen.

[35] Fraunhofer, Bestimmung, S. 216f. – Aus den von Fraunhofer angegebenen Werten errechnet v. Rohr einen Unterschied der Brechkraft von F = 1,8 Dioptrien für die beiden Fraunhoferlinien G = 430,8 nm und C = 656,3 nm.

[36] Fraunhofer, Bestimmung, S. 220.

[37] Fraunhofer, Neue Modifikation.

[38] Bei der Beugung am Gitter ist die Ablenkung – unabhängig vom Material des Gitters – proportional der Wellenlänge (Farbe) des Lichts; man bezeichnet das Gitterspektrum deshalb auch als „normales Spektrum".

die dunklen Linien wieder; das macht es möglich, „die Gesetze dieser [...] Modifikation des Lichtes im hohen Grade genau kennen zu lernen"[39]. Im Hinblick auf Stärke und gegenseitige Anordnung der Linien findet Fraunhofer keinen Unterschied zum prismatischen Spektrum, wohl aber „in Hinsicht des Verhältnisses des Raumes, welchen in einem Spektrum die verschiedenen Farben einnehmen"[40]. Ohne sich auf die Wellenhypothese des Lichts festzulegen, zieht Fraunhofer aus seinen Ergebnissen den vorsichtigen Schluß: „Es ist merkwürdig, daß die gefundenen Gesetze der gegenseitigen Einwirkung und Beugung der Strahlen sich aus den Prinzipien der wellenförmigen Bewegung (Undulation) folgern lassen; [...] ferner, daß dieselben Prinzipe eine Erklärung der Ursache der Entstehung der Linien und Streifen, die in dem durch ein Prisma gebildeten Farbenspektrum gesehen werden, zulassen"[41].

Am 14. Juni 1823 legt Fraunhofer der Münchner Akademie eine weitere Untersuchung vor, die noch im gleichen Jahr in den „Annalen der Physik" veröffentlicht wird. Bei seinen theoretischen Überlegungen beruft er sich nun auf die „Prinzipe der Interferenz" – also auf die Wellenhypothese des Lichts –, „welche schon im Jahr 1802 von Dr. Thom. Young[P] aufgestellt, und nachher zuerst von den H.H. Arago und Fresnel[P] der verdienten Aufmerksamkeit gewürdigt worden sind"[42]. Mit einem außerordentlich feinen Gitter mißt Fraunhofer abermals die dunklen Linien im Sonnenspektrum und ermittelt die Wellenlängen für die Linien C bis F mit einer solchen Genauigkeit, daß es erst 50 Jahre danach gelingt, seine Werte zu verbessern[43]. In einem Zusatz, „die Farben-Spektra von Flammen-, Mond- und Sternen-Lichte, und vom elektrischen Lichte betreffend"[44], bezieht sich Fraunhofer auf die in seiner ersten Abhandlung begonnene Untersuchung über Sternspektren. Er hat inzwischen „ein eignes, bloß zu diesem Zwecke bestimmtes großes Instrument verfertigt"[45], mit dem er insbesondere die Spektren der Fixsterne genauer beobachten kann. Das Ergebnis ist eine erste Spektralklassifikation: Drei durch Stärke und Lage der dunklen Linien unterscheidbare Spektraltypen, nämlich die von Sirius (α Canis Majoris; Hauptstern des Großen Hundes) und Castor (α Geminorum; Hauptstern der Zwillinge); die von Pollux (β Geminorum) und Capella (α Aurigae; Hauptstern des Fuhrmann); das Spektrum von Beteigeuze (α Orionis; Hauptstern des Orion)[46].

---

[39] Fraunhofer, Neue Modifikation, S. 23.
[40] Fraunhofer, Neue Modifikation, S. 23.
[41] Fraunhofer, Neue Modifikation, S. 75f.
[42] Fraunhofer, Kurzer Bericht, S. 358f.
[43] Fraunhofer erhält als Mittelwert für die D-Linien = 588,8 nm statt des modernen Wertes von 589,3 nm; das ist eine Abweichung von weniger als einem Promille!
[44] Fraunhofer, Kurzer Bericht, S. 374–378.
[45] Fraunhofer, Kurzer Bericht. S. 375.
[46] Die Bedeutung insbesondere auch dieser Untersuchungen ist schon von Zeitgenossen gebührend gewürdigt worden: „Herrn Fraunhofers zu Benediktbeuern Entdeckung der verschiedenen Systeme von Streifen in dem Lichtspektrum der Sonne und anderer Sterne", schreibt Chladni[P], „scheint mir unter die wichtigsten zu gehören, die seit geraumer Zeit

"Gott hat die Natur einfältig gemacht, sie aber suchen viel Künste"   19

Fraunhofer hatte seine Untersuchungen in der Absicht begonnen, einen Beitrag zur Verbesserung und Vervollkommnung der Fernrohre zu leisten; die Ergebnisse seiner Arbeit aber hatten nicht nur praktische Bedeutung: „Vor Fraunhofer und nach Fraunhofer", sagt Ernst Abbe in seiner Gedenkrede, „hat die Wissenschaft durch die Arbeit Einzelner wohl mehrfach gleich große oder selbst größere Erweiterung als durch ihn erfahren. Aber nur dieses eine Mal ist es geschehen, daß Aufgaben, die ihrem Wesen nach auf dem Gebiete praktischer Interessen liegen, auf diesem Gebiete selbst in so hohem wissenschaftlichen Geist behandelt worden sind, daß der Nebenerfolg ihrer Bearbeitung eine große Bereicherung der Wissenschaft war"[47].

„Das Ablehnen ist individuell und man verpflichtet sich zu keinen Gründen deshalb"

Goethe hat die Fraunhoferschen Entdeckungen zwar rasch zur Kenntnis genommen, sich aber erst Jahre später intensiv mit ihnen beschäftigt; von den 14 nachfolgenden Dokumenten, die dafür Zeugnis ablegen, stammen 11 aus der Zeit zwischen März 1826 und Juni 1828.

1.

Herr Fraunhofer in München hat die paroptischen Farben[48] *ins Grenzenlose getrieben und das Mikroskop dabei angewendet*[49], *auch seine Erfahrungen mit*

---

zum Vorschein gekommen sind. Der wackere Entdecker scheint selbst nicht einmal ganz zu ahnen, welches weite Feld, nicht etwa nur für Untersuchungen über die verschiedene Brechbarkeit des Lichts, sondern auch für Erweiterung unserer physisch-astronomischen Kenntnisse dadurch eröffnet worden ist. Wenn an recht vielen Fixsternen das einem jeden insbesondere zukommende Licht- oder Streifen-System vermittelst eines möglichst vervollkommneten Apparats genau beobachtet, und eben so, wie es mit dem Spektrum des Sonnenlichts geschehen ist, in Zeichnungen, wo möglich mit Messung der Winkel dargestellt würde, – so könnte uns dieses in der Folge [...] Aufschlüsse über die qualitative Veränderlichkeit des Lichts mancher Fixsterne verschaffen. [...] Sollte Herr Fraunhofer in der Folge recht genaue Beobachtungen der Lichtsysteme verschiedener Fixsterne liefern, [...] so würde man ihm dafür in den spätesten Zeiten noch danken." (Chladni, Bemerkungen, S. 1ff.) Und Herschel sieht sogar schon den Zusammenhang zwischen Absorptionsspektren und den Fraunhoferschen Sternspektren, wenn er konstatiert: „Es ist keine unmögliche Annahme, daß die fehlenden Lichtstrahlen der Sonne und der Sterne schon bei dem Durchgange durch ihre eigenen Atmosphären verschluckt werden." (Herschel, Vom Licht, § 505.)
[47] Abbe, Gedächtnisrede (vgl. Anmerkung 12), S. 336.
[48] Paroptische Farben nennt Goethe jene Farbphänomene, welche die Zeitgenossen unter dem Stichwort Diffraktion oder Inflexion (Beugung) abhandeln. *Die paroptische Farben werden also genannt,* erklärt Goethe, *weil, um sie hervorzubringen, das Licht an einem Rande herstrahlen muß.* (Goethe, Entwurf, § 391 = LA I 4, 130).
[49] Fraunhofer setzt den beugenden Spalt und das beugende Gitter unmittelbar vor das Objektiv des Theodolit-Fernrohrs und betrachtet die Beugungserscheinungen in der Brennebene des Objektivs durch das Fernrohr-Okular wie durch eine Lupe. Man kann das als Anwendung des Mikroskops ansehen. (Vgl. dazu Zeugnis Nr. 11, wo Schweigger sich ebenso ausdrückt.)

den genauesten Abbildungen begleitet, wofür wir ihm den schönsten Dank sagen; könnten aber in den durch Gitter und sonstige Hindernisse neu veranlaßten Schattenpunkten und Kreuzerscheinungen keineswegs eine neue Modifikation des Lichtes[50] *entdecken. Eben so sind auch die im prismatischen Spektrum von ihm bemerkten Querstreifen nur in den, beim Eintritt des freien, reinen Sonnenbildes in die kleine Öffnung, sich kreuzenden Halblichtern*[51] *zu suchen. Wir wollen zwar keineswegs solchen Arbeiten ihr Verdienst absprechen, aber die Wissenschaft würde mehr gewinnen, wenn wir, anstatt die Phänomene in unendliche Breite zu vermannigfaltigen und dadurch nur eine zweite fruchtlosere Empirie zu erschaffen, sie nach innen zurückführten, wo zwar nicht so viel Verwunderungswürdiges zu berechnen, aber doch immer noch genug Bewunderungswürdiges übrig bliebe, das der wahren Erkenntnis frommte und dem Leben, durch unmittelbare Anwendung, praktisch nutzen würde.* (Wartesteine. In: *Zur Naturwissenschaft überhaupt. Ersten Bandes viertes Heft,* Stuttgart und Tübingen 1822, S. 37 = LA I 8, 273.)

2.

Fraunhofers Bemühungen kenn ich; sie sind von der Art die ich ablehne, mehr darf ich nicht sagen. Gott hat die Natur einfältig gemacht, sie aber suchen viel Künste[52].

(Goethe am 12. Januar 1823 an den Grafen v. Sternberg. WA IV 36, Nr. 223.

---

[50] „Neue Modifikation des Lichtes durch gegenseitige Einwirkung und Beugung der Strahlen, und Gesetze derselben", lautet der Titel der Fraunhoferschen Abhandlung. (Vgl. dazu die in den Anmerkungen 39–41 nachgewiesenen Zitate.) — Fraunhofer wartet am Ende seiner Abhandlung mit einer Fülle von experimentellen Varianten auf: Er benutzt als beugende Öffnungen kleine, zu Quadraten oder gleichseitigen Dreiecken angeordnete runde oder viereckige Löcher und experimentiert mit Kreuzgittern; seine Beobachtungen gibt er auf kunstvoll gestochenen Tafeln wieder, auf denen man auch den Goetheschen *Schattenpunkten und Kreuzerscheinungen* begegnet. — NB: Goethe muß spätestens im Januar 1822 im Besitz eines Separatdrucks der Fraunhoferschen Abhandlung über die „Neue Modifikation des Lichtes" gewesen sein. Am 16. Januar notiert er in seinem Tagebuch: *Dr. Körner, Zurücksendung Fraunhofers paroptische Farben.* (WA III 8, 157.) Vierzehn Tage später hat er das Manuskript jenes Heftes *Zur Naturwissenschaft* beendet, in welchem auch die Bemerkungen über Fraunhofer stehen. (Vgl. Goethe Tagebuch, 30. Januar 1822. WA III 8, 162.)
[51] Nach Goethes Auffassung bedarf es gedämpften Lichtes — der Halblichter oder Halbschatten —, das über Kreuz durch eine kleine Öffnung in eine dunkle Kammer dringt, um paroptische Farbenerscheinungen hervorzurufen. (Vgl. Goethe, *Entwurf,* §§ 404ff. = LA I 4, 133f.)
[52] Vgl. Prediger, 7. 29: „Gott hat den Menschen aufrichtig gemacht; aber sie suchen viele Künste". Vgl. auch Matthias Claudius' „Abendlied": „Wir stolze Menschenkinder/Sind eitel arme Sünder,/Und wissen gar nicht viel;/Wir spinnen Luftgespinste,/Und suchen viele Künste,/Und kommen weiter von dem Ziel." (Auf „Prediger" und „Abendlied" hat mich G. Fichtner aufmerksam gemacht.) — Wenn Goethe die Natur als *einfältig* bezeichnet, so

— An Stelle von: *Gott hat die Natur [...] suchen viel Künste*, steht in J. Johns^P Manuskript: *Das Ablehnen ist individuell und man verpflichtet sich zu keinen Gründen deshalb;* dies hat Goethe gestrichen und durch das zuvor Zitierte ersetzt[53].)

3.

Der Fraunhoferische Versuch, wo Querlinien im Spektrum erscheinen, ist von derselben Art[54], *so wie auch die Versuche, wodurch eine neue Eigenschaft des Lichts entdeckt werden soll. Sie sind doppelt und dreifach kompliziert; wenn sie was nützen sollten, müßten sie in ihre Elemente zerlegt werden, welches dem Wissenden nicht schwer fällt, welches aber zu fassen und zu begreifen kein Laie weder Vorkenntnis noch Geduld, kein Gegner weder Intention noch Redlichkeit genug mitbringt; man nimmt lieber überhaupt an, was man sieht, und zieht die alte Schlußfolge daraus.*

(Goethe am 21. März 1826. Maximen und Reflexionen (Hecker), Nr. 1290 = LA I 11, 369.)

4.

Dr. Körner den Apparat zu den Fraunhoferschen Experimenten[55] *bringend und dieselbigen vortragend. Sie gerieten gut, obgleich bei abwechselnd bedeckter Sonne.*

(Goethe Tagebuch, 17. August 1826. WA III 10, 231.)

---

kann das nur als Gegensatz zu „vielfältig" und im Sinne von „einfach" gemeint sein. Aber gewiß nicht einfach im Hinblick auf die unendliche Fülle der Erscheinungen, sondern einfach im Hinblick auf die sie regierenden Gesetze. „Allen einfachen Gesetzen", sagt dagegen Fraunhofer in diesem Zusammenhang, „läßt sich leicht eine Hypothese anpassen. So könnten z. B. die Gesetze der Brechung und Zurückwerfung des Lichtes, aus einer großen Anzahl ganz verschiedener Hypothesen abgeleitet werden. Es ist daher ein Glück, wenn man ein Gesetz findet, welches, dem Anschein nach, sehr kompliziert ist, weil es mindestens den Vorteil bringt, das Feld der Hypothesen über das Licht, in engere Grenzen einzuschließen." (Fraunhofer, Kurzer Bericht, S. 355.)

[53] Im Entwurf des Briefes heißt es noch: *Der gute Fraunhofer weist das schönste Phänomen, was der Physik in der neusten Zeit erschienen ist* [gemeint ist das entoptische], *unteilnehmend ab [...]. Dagegen sei denn auch mir verziehen, wenn ich weder an die Beugung glaube, noch Neigung habe, mich mit komplizierten trügerischen Versuchen zu beschäftigen, viel mehr sinne, auch das neue paroptische Hokuspokus auf die einfachsten Anfänge zurückzuführen.* (WA IV 36, 439f.)

[54] Vgl. die beiden vorangehenden Maximen, Nr. 1288 und 1289.

[55] Der Apparat zur Darstellung der Fraunhoferschen Brechungs-, Zerstreuungs- und Beugungsversuche des Lichts, den Körner 1826 auf Befehl des Großherzogs Karl August anfertigen mußte, „um a) den physikalischen Apparat zu Jena für besonders interessante Versuche zu ergänzen und um b) die Bemühungen des Mechanikus Körner für Herstellung und Verarbeitung des Flintglases — nicht unrühmlichen Bemühungen auf der Universität — zu unterstützen." (Zitiert nach Hugo Döbling, Die Chemie in Jena zur Goethezeit, Jena 1928, S. 125.)

5.

„Um den Befehl Ew. Exzellenz sogleich zu vollstrecken, melde ich untertänigst: daß die Fraunhofersche Abhandlung ‚Über Bestimmung des Brechungs und Zerstreuungs-Vermögens verschiedner Glasarten etc.' im 5ten Bande; diejenige aber über die Beugung des Lichts im 8ten Bande der Münchner Denkschriften enthalten ist." (Körner an Goethe am 18. August 1826. GSA Goethe. Eingeg. Briefe 1826, 214.)

6.

Die Münchner Denkschriften Band 5, wegen der Fraunhoferischen Abhandlung über die Streifen im Spektrum[56].
(Goethe Tagebuch, 19. August 1826. WA III 10, 232.)

7.

„Wegen Zurücklassung der, wie ich sehe, sehr kauderwelschen Note[57], die ich in großer Zerstreuung geschrieben habe, muß ich Ew. Exzellenz untertänigst um Verzeihung bitten. Meine Zerstreuung hatte ihren Grund in Ew. Exzellenz Auftrag, wegen Anstellung des Fraunhoferschen Versuchs auf große Entfernung[58] und die Anhängsel meiner Phantasie an denselben. Um diesen Versuch mit geringen Kosten anstellen zu können ging ich, um ein zweckmäßiges Lokal aufzufinden, durch die Stadt; und ich glaube, daß meine Bemühung nicht unnütz gewesen ist.

Wenn Ew. Exzellenz den Versuch mit Sonnenlicht auf große Entfernung anzustellen willens sind, so bietet das Parterre des Fürstenhauses[59] ein herrliches Lokal dar; und wenn wir gleich keine Distanz von 600 Fuß [ca. 195 m] bekommen, so erhalten wir doch eine von einigen 100 Fuß. Wenn nun Ew. Exzellenz den Er-

---

[56] Goethe hat sich den 5. Band der Denkschriften am 19. August entliehen und hat ihn am 25. August zurückgegeben. (Vgl. Elise v. Keudell, Goethe als Benutzer der Weimarer Bibliothek, Weimar 1931, Nr. 1745.)

[57] Wahrscheinlich Körners „Notizen aus meinem Erinnerungsbuche", die bei Goethes Papieren liegen (vgl. GSA Goethe. Werke LII 21, 19). Die „kauderwelsche Note" lautet: „Der Brechungsexponent des grünen Lichts, soll nach Gilberts Annalen B. 37. p. 390 derjenige sein, den man bei den dioptrischen Schriftstellern unter dem Ausdruck des mittlern findet. Herschel will durch aus Polarisationsversuchen gefundenen Schlüssen dartun, daß jener mittlere Brechungsexponent zwischen dem glänzendsten Rot, dicht an Orange und dem lebhaftesten Blau, wo es ins Grüne überzugehen anfängt liege. Körner." (Vgl. auch Robison/Körner, Anleitung, S. 168f.)

[58] Die Experimente zur Bestimmung des Brechungs- und Farbenzerstreuungs-Vermögens; vgl. den 2. Abschnitt dieses Aufsatzes.

[59] Heute die Hochschule für Musik „Franz Liszt".

„Gott hat die Natur einfältig gemacht, sie aber suchen viel Künste"   23

folg des Versuchs von der Entfernung abhängig zu sein glauben[60], so müßte sich bei der Anstellung im Fürstenhause schon eine Andeutung davon finden. Die Kosten belaufen sich bloß auf den Betrag eines oder zweier hölzerner Vorsatzladen, und jeder sonnige Tag eignet sich zur Anstellung des Versuchs, welcher ohnedies S^e. Königliche Hoheit interessiert[61].

Befehlen aber Ew. Exzellenz den Versuch mit künstlichen Licht[62] anzustellen, so würde die Entfernung von Ew. Exzellenz Wohnung bis zu dem Hause neben dem Rathaus hinreichend sein[63], und ich zweifle nicht, daß die Bewohner desselben uns für einen Abend eine Stube oder Kammer einräumen werden. Auch würde die Entfernung vom Schlosse bis zum Fürstenhause anwendbar sein, und S^e. Königliche Hoheit werden uns ohne Bedenken das nötige Lokal einräumen lassen. Zu diesem Versuch muß ich aber noch die Lichtvorrichtung und ein Prisma machen, welches ich nicht eher schmelzen kann, bis sich die Temperatur soweit ändert, daß der Frost aus dem Ofen ist und der Verstrich fest hält.

Nun wäre es noch der Mühe Wert ein hohles Prisma[64] zu machen um die Streifen in den Blair^{P}schen Flüssigkeiten[65] zu beobachten, die in andern Verhält-

---

[60] Goethes Glaube, daß der „Erfolg des Versuchs von der Entfernung abhängig" sei, hängt zusammen mit seiner Überzeugung, daß die prismatische Erscheinung nichts Fertiges und Vollendetes, sondern etwas Werdendes und sich ständig Veränderndes ist. (Vgl. Goethe, *Entwurf*, § 217 bzw. § 334 = LA I 4, 82 bzw. 113f.) Fraunhofer jedoch sagt in bezug auf die Linien im Sonnenspektrum ausdrücklich: „Die Entfernung der Linien von einander, und überhaupt ihr Verhältnis unter sich, blieb bei Veränderung der Öffnung am Fensterladen gleich, so wie auch die Entfernung des Theodolits von der Öffnung am Fensterladen sie nicht änderte." (Fraunhofer, Bestimmung, S. 202).

[61] Vgl. Zeugnis Nr. 10.

[62] Fraunhofers Sechs-Lampen-Versuch; vgl. Abb. 1 und die dazugehörige Versuchsbeschreibung.

[63] Diese Entfernung entspricht ebenso wie die zwischen der Bastille des Schlosses und dem Fürstenhaus etwa der von Fraunhofer gewählten Distanz von 692 Fuß (ca. 225 m).

[64] Ein aus dünnwandigen, planparallelen Glasplatten zusammengesetztes Gefäß in Prismenform, in das man dispergierende Flüssigkeiten füllt. Vgl. Goethes hohles Wasserprisma auf Tafel XVI seines *Entwurfs* (= LA I 7, S. 114f.).

[65] Blair versuchte, das sekundäre Spektrum achromatischer Linsenkombinationen (vgl. Anm. 31) zu beseitigen, indem er eine konvexe Linse aus Kronglas mit einer konkaven Linse kombinierte, die mit einer Flüssigkeit gefüllt war. Die Flüssigkeit muß dabei zwei Bedingungen erfüllen: Ihre Gesamtdispersion n_H-n_B muß größer sein als die des Kronglases; ihre partiellen Dispersionen n_C-n_B, n_D-n_C usw. müssen über das gesamte sichtbare Spektrum zu denen des Kronglases in einem konstanten Verhältnis stehen (vgl. Anm. 30): „Eine Flüssigkeit", schreibt Blair, „in welcher Teile der Salzsäure mit metallischen in gehörigem Verhältnis stehn, trennt die äußersten Strahlen des Spektrums weit mehr als Kronglas, bricht aber alle Reihen der Strahlen genau in demselben Verhältnis, wie dies Glas tut", erfüllt also die Bedingungen. (Blair, Experiments; zitiert nach Goethes Übersetzung in der *Geschichte der Farbenlehre* = LA I 6, 404). Fortsetzung s. Seite 24.

nissen gruppiert sein müssen⁶⁶. Dieses Prisma würde auch zur Prüfung der Robinson^P schen Behauptung die Krümmung der Spektren betreffend⁶⁷ dienen können.

Diese Ideen lege ich Ew. Exzellenz zum weitern Beraten untertänigst vor und da ich nächstens wieder nach Weimar zu kommen gedenke, so werde ich die Ehre haben bei Ew. Exzellenz um Höchstdero Entschluß nachzufragen."

(Körner an Goethe am 26. Januar 1827. GSA Goethe. Werke LII 21, 16f.)

8.

„Um nicht mit leerer Hand zu erscheinen lege ich bei, ein ausgemaltes Exemplar des Fraunhoferischen prismatischen Spektrums, weil die in den Münchner Denkschriften befindlichen Abdrücke, bloß ausgetuscht wurden⁶⁸.

H. H. Voigt^P, der es in der Natur bei mir betrachtete, wird die genauste Richtigkeit desselben bezeugen⁶⁹.

Bei all diesen Flüssigkeitslinsen macht sich aber der Einfluß der Wärme durch Turbulenzen und Schlierenbildung störend bemerkbar. „Dieser Einfluß", schreibt Fraunhofer, der solche Versuche ebenfalls unternommen hat, „macht die Hoffnung verschwinden, ohne Flintglas, mit Flüssigkeiten von verschiedener Brechbarkeit, achromatische Objektive zu erhalten, die brauchbar sind." (Fraunhofer, Bestimmung, S. 201).

[66] Da das Verhältnis der partiellen Dispersionen Blairscher Flüssigkeiten zu denen des Flintglases nicht konstant ist (vgl. Anm. 65), werden in einem Spektrum, das von einem mit einer Blairschen Flüssigkeit gefüllten Hohlprisma erzeugt worden ist, die Fraunhoferschen Linien „in anderen Verhältnissen gruppiert sein müssen" als im Spektrum des beim Fraunhoferschen Experiment verwandten Flintglasprismas.

[67] Verwendet man zur Erzeugung des Spektrums zwei Prismen, wobei die brechende Kante des zweiten Prismas senkrecht zu der des ersten gerichtet ist (vgl. Newton, Opticks, Book I, Part I, Exp. 5), dann ist das Resultat der gemeinsamen Wirkung ein schrägstehendes, gerades Spektrum, vorausgesetzt beide Prismen bestehen aus der gleichen Substanz; bei solchen aus unterschiedlichen Substanzen, bei denen das Verhältnis der partiellen Dispersionen nicht konstant ist (vgl. Anm. 30), ist das Resultat ein gekrümmtes Spektrum. Benutzt man als erstes ein Flint- oder Kronglasprisma und als zweites ein Hohlprisma mit einer Blairschen Flüssigkeit, so ist das resultierende Spektrum die Dispersionskurve dieser Blairschen Flüssigkeit, bezogen auf Flint- oder Kronglas (vgl. Robison/Körner, Anleitung, S. 96 ff.); erzeugte man das Bezugsspektrum durch ein Gitter, so erhielte man als Resultierende die Dispersionskurve in Abhängigkeit von der Wellenlänge des Lichts.

[68] Das von Sömmerring an Goethe gesandte kolorierte Spektrum (vgl. Abb. 4) wird im Goethe-Museum in Weimar (GN 149 F) aufbewahrt; wie die französischen Farbennamen beweisen, handelt es sich um einen der Abdrucke in Aquatinta-Manier, die für Fraunhofers französische Version seiner „Bestimmung" in den „Astronomischen Abhandlungen" gedacht waren. (Vgl. Fraunhofer, Détermination.)

[69] Friedrich Siegmund Voigt schreibt am 30. Oktober 1826 an Goethe, nachdem er Sömmerring besucht hat: „Letzterer lebt und webt jetzt ganz in optischen Beschäftigungen, und hat mir mit großer Güte viele seiner neuen Apparate und Versuche gezeigt." GSA Goethe, Eingeg. Briefe 1826, 360.)

„Zuverlässig ist es wohl in unserm Jahrhundert, eine der allerwichtigsten Entdeckungen, meines verewigten Freundes, daß alle, von der Sonne beleuchteten Planeten, nebst dem Monde, sowie auch gewisse Fixsterne z. B. Pollux in ihrem prismatischen Spektrum dieselbe Zahl, dieselbe Breite, dieselben (genau gemessenen) Entfernungen von einander an den gleichen Stellen, der vertikalen Streifen oder fixen Linien zeigen, Wega[70] dagegen, und andere Fixsterne z. B. Castor (wie mir Fraunhofer nebst Soldner auf der Münchner Sternwarte zeigten) konstante Verschiedenheit in der Zahl, Breite und Entfernung der fixen Linien haben, daß elektrisches Licht statt der dunkeln schwarzen Linien helle blitzähnliche Linien hervorbringt[71].

Mir ist wohl mannigmal eingefallen; ob nicht dieses schöne Fraunhoferische prismatische Spektrum gewissermaßen die Quantität des zu jeder Farbe gehörigen σκιερόν[72] verrate."

(Sömmerring[P] an Goethe etwa Mitte März 1827. Briefw. Karl August mit Goethe 3, 425.)

9.

Sein Schreiben ist allerdings interessant und das kolorierte Fraunhoferische Spektrum, dessen Erscheinung nur unter gewissen Umständen und mit einiger Schwierigkeit zu betrachten ist, hier so ausführlich und koloriert mit Bequemlichkeit vor sich zu sehen, ist sehr erwünscht.

(Goethe an Karl August am 23. März 1827 nach Übersendung des Sömmerringschen Schreibens. WA IV 42, Nr. 86 = Briefw. 3, Nr. 1163.)

10.

„Im vorigen Sommer ließ ich Körnern zu mir auf die Sternwarte auf den Seeberg kommen, wo selbst uns der dortige Astronom[73] das Spektrum produzierte; der Tag war aber, leider nicht günstig, denn wir hatten nur momentanen Sonnenschein. Dann wurde die Operation in Jena im Schlosse wiederholt[74], dorten soll

---

[70] Die Wega (α Lyrae; Hauptstern der Leier) hat Fraunhofer in seinen Abhandlungen nicht erwähnt.

[71] Fraunhofer hat auch das Spektrum elektrischer Entladungen gemessen. (Vgl. Fraunhofer, Bestimmung, S. 221; Kurzer Bericht, S. 374f.)

[72] *Die Farbe selbst ist ein Schattiges* (σκιερόν), sagt Goethe im § 69 seines *Entwurfs* (= LA I 4, 44).

[73] Die Sternwarte auf dem Seeberg nahe Gotha, in Betrieb seit 1791, war zu dieser Zeit eine der schönsten und modernsten in Deutschland. Nach Zach, Lindenau und Encke war im Sommer 1826 Peter Andreas Hansen[P] „der dortige Astronom".

[74] Damit wurde Jakob Friedrich Fries[P] beauftragt. (Vgl. dazu WA III 10, 228f. *Museumsschreiber Färber, Anordnung Hofrat Fries bei einigen Versuchen zu assistieren.* Datiert 12. August 1826.) — „Der Großherzog selbst hatte ihm, wie Fries am 12. August 1826 an Goethe schreibt, befohlen, dafür zu sorgen, daß die Beobachtungen mit den Fraunhoferschen Vorrichtungen, welche Dr. Körner zu verfertigen angewiesen sei [vgl. Anm. 55], auf dem hiesigen Schloß angestellt würden." (Hugo Döbling, Die Chemie in Jena, S. 126) — Das Schloß stand (bis 1905) an der Stelle des heutigen Universitätsgebäudes.

sie geraten sein, ich kam aber leider nicht dazu es zu sehn. Jetzt so balde das Frühjahr hell und günstig sein wird, lasse ich die nötigen Instrumente dazu in Jena wieder aufstellen."

(Karl August an Goethe am 23. März 1827. Randbemerkung auf Goethes Brief vom gleichen Tage. Briefw. 3, Nr. 1164.)

11.

„Auf alle Fälle aber können Sie mir von Ihrem Flintglase[75] ein Prisma für das Kabinett senden und da Sie hervorheben daß Fraunhofers Linien damit sich darstellen lassen[76], so sind Sie wohl mit einer bequemeren Vorrichtung dazu versehen, welche ich alsdann, wenn sie einfacher als die Fraunhoferische zu erhalten wünschte. Das Fernrohr dient dabei bloß als Mikroskop und alles läuft auf mikroskopische Beschauung der Grimaldi'schen Linien[77] im Zusammenhange mit dem Farbenspektrum hinaus. Ich sah alle Versuche bei Fraunhofer selbst, jedoch sie sind notwendig mit manchen Abänderungen zu wiederholen. Wahrscheinlich

---

[75] Zu Körners (letztlich erfolglosen) Bemühungen um die Herstellung von Flintglas vgl. seinen eigenen Bericht im Anhang zu seiner Übersetzung des Robison (vgl. Robison/Körner, Anleitung, S. 202–208); vgl. ferner Körner, Über Flintglas-Bereitung, und endlich Hugo Döbling, Die Chemie in Jena, S. 119–140.

[76] In einem Gutachten über ein Flintglasprisma aus „Doktor Körners eigner Schmelzung", das sich als farblos, blasen- und streifenfrei erwies, schreibt J. F. Fries im Mai 1827: „Durch ein Prisma von der letzten Art beobachteten wir Fraunhofers Linien in den Farben des Sonnenlichtes vermittelst des Theodoliten unsrer Sternwarte. Es zeigten sich sehr viele, auch der feinsten, alle scharf gezeichnet, gradlinig und parallel." (Robison/Körner, Anleitung, S. 206f.) – In welchem Maße die Beobachtung der Fraunhoferschen Linien von der Qualität des Prismas abhängt, zeigt auch eine Bemerkung Herschels: „Der geringste Fehler in der Gleichartigkeit des Prisma hat [...] üble Folgen. Mit Glasprismen aus englischen Fabriken würde es ganz fruchtlos sein, den Versuch anzustellen." (Herschel, Vom Licht, § 422.)

[77] Schweigger hat schon in einer Anmerkung zur „Bestimmung des Brechungs- und Farbenzerstreuungs-Vermögens" die Fraunhoferschen Linien in Zusammenhang mit den Beugungserscheinungen (den „Grimaldischen Linien") gebracht: „Es ist nicht zu leugnen", schreibt er dort, „daß schon Wollaston und Young (s. philos. Transact, 1804, S. 14) unter gewissen Bedingungen dunkle Streifen im prismatischen Farbenbilde wahrgenommen haben. [...] Herr Fresnel zeigte, daß dieselben dunklen Streifen entstehen können, wenn zwei von einem strahlenden Punkte ausgehende, und von etwas gegen einander geneigten Spiegeln zurückgeworfene, Lichtstreifen sich durchkreuzen." (Journal für Chemie und Physik 19(1817), 79f.) Und einige Jahre später interpretiert Schweigger den Versuch seines Schülers Kämtz, Goethes Lehre mit der Theorie Fresnels in Einklang zu bringen, in einem Brief an Döbereiner: „Er [Kämtz] geht nämlich von den neueren Untersuchungen Fresnels aus über die Diffraktion des Lichtes, von den sogenannen ‚Prinzipien der Interferenz', was zu deutsch übersetzt in der Tat nicht viel Anderes bedeutet als ‚Prinzipien des Schattenden'. Da hast Du also das Prinzip der Goethischen Farbentheorie." (Schweigger an Döbereiner vor dem 27. Dezember 1823. Goethes Naturwissenschaftliche Korrespondenz. Bd. 1, Leipzig 1874, Nr. 61a.) – Vgl. dazu auch die Anmerkungen 49 und 92.

werden die Erscheinungen nicht bloß subjektiv sondern auch objektiv darstellbar sein, letzteres durch eine ähnliche Vorrichtung als man bei dem Sonnen-Mikroskop[78] oder der Laterna Magica anwendet; dann kann man sie doch auch bei Vorlesungen bequem zeigen. Ich wünschte sehr, daß Sie hierüber Versuche anstellen und dann nach genommener Rücksprache mit mir eine Vorrichtung zur Beobachtung dieser Erscheinungen für unser Kabinett anfertigen möchten."

("Auszug eines Briefes des Herrn Prof. Schweigger[P] zu Halle, an Dr. Körner, den 6. Mai 1828." GSA Goethe. Werke LII 21, 11.)

12.

Die Äußerungen des H. Prof. Schweigger gereichen mir zum größten Vergnügen, indem sie ganz mit meiner Überzeugung übereintreffen. Man hat schon früher ausgesprochen[79], daß diejenigen Farben, die man der Beugung zuschreibt, die wir paroptische nennen, mit der prismatischen Erscheinung in Verbindung stünden, veranlaßt durch die Einsicht, daß die letzteren ja auch nur eine Randerscheinung seien, da ohne abgegrenztes Bild, ohne unmittelbare Nachbarschaft des Dunkeln und Hellen das prismatische Phänomen nicht zu erlangen sei. Dies nun beruhe auf sich selbst, allein in dem gegenwärtigen Falle ist mir offenbar, daß die Erscheinung der schwarzen Striche im Prisma die vervielfachten Bilder des doppelten Randes der engen Spalte seien[80].

Man schneide einen zarten Strich in eine Karte, und sehe gegen das Helle, sogleich wird man die unzähligen mehr als haarfeinen, wie ein dünner Flor sich neben einander herabziehenden Linien gewahr werden, einige werden stärker als die andern erscheinen, wie man die Spalte hin und her vor dem Auge vorbei rückt, ingleichen wie man sie näher oder ferner von dem Auge bringt. In jenem Falle sind sie stärker und weniger, indem die vielfachen Linien sich vereinigen und koa-

---

[78] Laterna Magica und Sonnenmikroskop sind Projektionsvorrichtungen, mittels derer man das Sonnenspektrum mit den Fraunhoferschen Linien auf einen Schirm projizieren kann, um es objektiv zu betrachten, statt subjektiv durch das Okular des Fernrohrs. (Die Laterna Magica (Zauberlaterne) ist eine Art Diaprojektor; das Sonnenmikroskop ist eine Laterna Magica, bei der das abbildende System statt von einer (Argandschen) Lampe von der Sonne erleuchtet wird.)

[79] Im § 415 seines *Entwurfs* (= LA I 4, 136) schreibt Goethe: *Die Verwandtschaft der paroptischen Farben mit den dioptrischen der zweiten Klasse* [den prismatischen Farben] *wird sich auch jeder Denkende gern ausbilden. Hier wie dort ist von Rändern die Rede; hier wie dort von einem Lichte, das an dem Rande herscheint. Wie natürlich ist es also, daß die paroptischen Wirkungen durch die dioptrischen erhöht, verstärkt und verherrlicht werden können.*

[80] Vgl. dazu den § 426 des *Entwurfs* (= LA I 4, 138f.): *Besonders merkwürdig ist aber, wenn man durch die zu paroptischen Versuchen eingerichteten Messerklingen hindurch und gegen einen grauen Himmel sieht. Man blickt nämlich wie durch einen Flor, und es zeigen sich im Auge sehr viele Fäden, welches eigentlich nur die wiederholten Bilder der Klingenschärfen sind.*

leszieren. Hiedurch haben wir nun ohne Widerrede das Element der Fraunhoferischen Erscheinung, und es kommt nur jetzt darauf an, daß man dies durch Versuche völlig zur Evidenz bringe[81], damit man nach einer gesunderen Farbenlehre das Licht sowohl von den Farben als von den Strichen befreie und auch hier dem, der sehen will, den Beweis in die Augen lege, daß das ewig reine Licht weder gefärbt noch durchstrichelt werden kann; sondern daß beides von der Öffnung abhängt, wodurch wir das Licht, ohne es zu verändern, gesetzmäßig bedingen[82].

(Notiz Goethes zum Briefe Schweiggers an Körner. WA II 5^2, 390.)

13.

Es ist mir nicht verborgen geblieben daß, als in München von dem Wert meiner Farbenlehre die Rede war, der treffliche Fraunhofer sie für ungegründet und nichtig erklärte[83], wonach ich denn niemand verargen kann, wenn er, diesen Ausspruch verehrend, sich dabei beruhigte.

Mir aber imponiert der Name Fraunhofer so wenig als der Name Newton[P], beide Männer von großen Geistesverdiensten führten in ihrer Brust so gut die Elemente des Irrtums mit sich als irgend ein anderer; Newtonen bewahrte seine hohe mathematische Sinnesart nicht vor der Übereilung auf ein doppelt und dreifach verschränktes Experiment[84] eine abschließende Hypothese zu gründen; Fraunhofern half die entschieden technische Meisterschaft nicht so weit empor, daß er die Mängel einer Theorie hätte entdecken können, unter deren Einfluß und Schirm er sich herangebildet hatte. Vielmehr begegnete ihm was vorzüglichen Menschen begegnet die in einem Irrtum befangen sind, er bildete die falsche Anlage noch weiter aus; hätte er sich nicht auf diesem Wege geholfen, so hätte er den Irrtum entdecken müssen; anstatt die Öffnung des Ladens zu vergrößern, verwandelte er sie in einen kaum merklichen Schnitt und erhält dadurch, indem er durch Entfernung das Spektrum verlängert und durch ein Fernrohr sich dem ursprünglichen Orte wieder nähert, die prismatische und paroptische Erscheinung in höchstem Grade[85].

(Notiz Goethes vom Juli 1828. WA II 5^2, 391.)

---

[81] Wie sollte *man dies durch Versuche völlig zur Evidenz* bringen können, die mit den Fraunhoferschen nicht die geringste Ähnlichkeit haben?
[82] Nach Goethes Lehre muß man bei den physischen Farben die Aufmerksamkeit darauf richten, *wie durch Mittel, und zwar farblose Mittel, verschiedene Bedingungen entstehen*. Eine der dreierlei Weisen, auf die das Licht *unter diesen Umständen bedingt werden kann,* ist gegeben, *wenn es an dem Rande eines Mittels herstrahlt*; die dabei eintretenden Phänomene werden von Goethe paroptische genannt. (Vgl. Goethe, *Entwurf,* §§ 139f. = LA I 4, 62.)
[83] Fraunhofer könnte dies z. B. gegen Münchow, der ihn im Jahre 1817 besuchte, oder gegen Schweigger geäußert haben.
[84] Newtons experimentum crucis, dem in der „New Theory about Light and Colors" von 1672 eine entscheidende Bedeutung zukam; in den „Opticks" ist es dagegen nur noch eines unter vielen beweisenden Experimenten. (Vgl. Newton, Opticks, Book I, Part I, Exp. 6).
[85] Vgl. Anm. 60.

14.

Uns andern ist es immer ein Wunder, wie man sich mit bloßen Worten und Truggespinsten in der mathematisch-physikalischen Welt beschäftigt. Dekomposition[86] und Polarisation[87] des Lichts nebeneinander zu denken, finden die Herren keine Schwierigkeit. Nun hat Fraunhofer noch einiges Absurde hinzugetan, woran man glaubt, darauf hält, und was doch, wie man es wirklich versucht, zu nichte wird. Mir ist genug, daß Fraunhofer ein vorzüglicher praktischer Mann war; daraus folgt aber nicht, daß er ein theoretischer Geist gewesen sei[88].

Er durfte sich mit der herrschenden Kirche[89] nicht entzweien und hat, genau besehen, eigentlich nur noch ein Ohr in die schon genugsam zerknitterte Karte geknickt[90], die demohngeachtet gegen reines Beobachten und geregelten Denksinn[91] verlieren muß.

---

[86] Die prismatische Zerlegung des Lichts in die Spektralfarben.

[87] Malus, der 1808 die Polarisation reflektierten Lichts entdeckte, nannte einen Lichtstrahl polarisiert, „der bei gleichem Einfallswinkel auf einen durchsichtigen Körper die Eigenschaft hat, entweder zurückgeworfen zu werden, oder sich der Zurückwerfung zu entziehn, je nachdem er dem einwirkenden Körper eine andere Seite zuwendet; und es stehen diese Seiten oder Pole des Lichtstrahls stets auf einander unter rechten Winkeln." Um einen Lichtstrahl zu polarisieren, ist es nach Malus hinreichend, „ihn entweder durch einen Kristall von doppelter Strahlenbrechung hindurchgehn zu lassen, wobei zwei entgegengesetzte polarisierte Lichtbündel entstehn; oder ihn von einem nicht belegten Spiegelglase, das mit der Richtung des Strahls einen Winkel von 35° 25' macht, zurückwerfen zu lassen, in welchem Falle [...] alles zurückgeworfne Licht auf die eine Art, der gebrochne Strahl dagegen auf die entgegengesetzte Art polarisiert wird, und zugleich dem zurückgeworfnen Lichte proportional ist." (Malus, Über die Erscheinungen, S. 119f.) Malus führt den Polarisationszustand auf die jeweilige Disposition der Achsen der Lichtmoleküle zurück und erklärt die Polarisierung des Lichts bei Reflexion und Doppelbrechung durch die Einwirkung repulsiver Kräfte der Materie auf die Lichtmoleküle. Die Vertreter der Wellentheorie fanden zunächst keine befriedigende Erklärung für die Polarisationsphänomene. Erst als es Fresnel 1821 aufgrund von Interferenzversuchen mit polarisiertem Licht wagte, statt der bislang angenommenen longitudinalen Schwingungen transversale zu postulieren, änderte sich das: Polarisiertes Licht ist in Fresnels Theorie solches mit bevorzugter Schwingungsrichtung – im Gegensatz zum natürlichen Licht, bei dem alle Schwingungsrichtungen vorkommen.

[88] Vgl. Anm. 47.

[89] Der *herrschenden Kirche* hängen alle Physiker an, die Goethes Vorstellungen von Licht und Farben nicht teilen.

[90] Anspielung auf das Paroli bieten beim Pharao oder Pharo, einem Hasardkartenspiel: „Paroli, im Pharospiel eine Biegung der Karte, welche anzeigt, daß der Spieler seinen [Ein]Satz und den schon gemachten einfachen Gewinn noch einmal aufs Spiel setzen will, um, wenn er nochmals trifft, seinen Satz dreifach zu gewinnen." (Allgemeine deutsche Real-Enzyklopädie. 5. Aufl., Leipzig 1819.) Goethe hat die Metapher von der (in betrügerischer Absicht) mehrfach geknickten Karte auch im *Polemischen Teil* seiner Farbenlehre verwandt. (Vgl. etwa LA I 5, § 543.)

[91] Vgl. „Das reine Phänomen" (LA I 11, 39f.), „Beobachten und Ordnen" (LA I 11, 44f.) und *Der Versuch als Vermittler von Objekt und Subjekt* (LA I 8, 305–315).

Nicht allein farbige Lichter, sondern sogar eine Unzahl schwarzer Striche soll das reine Licht enthalten. Kluge deutsche Naturforscher sehen schon den Ungrund der ganzen Sache deutlich ein, daß nämlich alles auf eine mikroskopische Beschauung der paroptischen Linien, im Zusammenhange mit dem Farbenspektrum, hinausläuft[92]. *Niemand hat es noch laut gesagt, niemand hat noch öffentlich dargetan, daß die höchst komplizierte Vorrichtung zu dem Zweck: die Differenz der Gläser in Absicht auf Brechung und Farbenerscheinung zu finden, keineswegs tauglich ist*[93]. *Ich habe den Versuch selbst mit aller gehörigen Vorsicht anstellen lassen*[94], *habe in dem verlängerten Farbenspektrum die schwarzen Striche gesehen und bin dadurch von dem oben Gesagten nur noch mehr überzeugt worden. Der freie Geist, der jetzt aufträte, das wahrhafte Erkannte sogleich praktisch benutzte, müßte Wunder tun*[95].
(Goethe an Schultz am 29. Juni 1829. WA IV 45, Nr. 258. – Zwischen *überzeugt worden* und *Der freie Geist* steht in J. Johns Manuskript: *Die Menschen überhaupt sind hiedurch wieder um ein viertel Jahrhundert irre gemacht worden*, was der Kopist wohl versehentlich ausgelassen hat.)

Anhang: „Untertäniges Promemoria"

Bei den Goetheschen Papieren zur Farbenlehre liegt eine kleine Denkschrift Körners, die mit den Fraunhoferschen Untersuchungen in engem Zusammenhang steht. Ihr genauer Titel lautet: „Untertäniges Promemoria / die Ausmittelung der Brechung und Zerstreuung in 2 Glassorten zum Behuf der Berechnung achromatischer Fernröhre betreffend, nebst einer Einleitung, auf höchsten Befehl entworfen / von / Fr. Körner" (GSA Goethe. Werke LII 21, 184–192). Die Denkschrift ist also dem gleichen Problem gewidmet, wie die Adademie-Schrift Fraunhofers aus dem Jahre 1817. Was Körner auf den ersten Seiten seines Promemoria über Fern-

---

[92] Vgl. Zeugnis Nr. 11 und Anm. 77.
[93] Vgl. zu dieser Bemerkung, die Goethes Unverständnis drastisch vor Augen führt, den folgenden Hinweis Fraunhofers: „Vor Entdeckung der Linien im Farbenbilde überzeugte ich mich von dem gleichen Brechungsvermögen zweier Stücke Glases dadurch, daß ich von beiden Stücken, zusammengeküttet, ein Prisma schliff; erschienen die beiden Spektra, die durch dieses Prisma gesehen wurden, an einem Orte und gegen einander nicht verrückt, so schloß ich, daß das Brechungsvermögen beider Stücke gleich sei. Nach Entdeckung der Linien im Farbenbilde aber fand ich, daß zwei solche Stücke noch sehr verschiedenes Brechungsvermögen haben können, ohne daß es auf obige Art bemerkbar wird. Nicht nur Stücke aus verschiedenen Orten eines Schmelzhafens waren in ihrem Brechungsvermögen merklich verschieden, sondern auch in zwei Stücken von einer Scheibe fand ich vielmal noch sehr kenntliche Unterschiede." (Fraunhofer, Bestimmung, S. 218f.).
[94] Vgl. Zeugnis Nr. 7.
[95] Vgl. Zeugnis Nr. 1.

rohre, Linsenfehler und Achromate schreibt, war gedacht, den Leser in die Materie einzuführen, und soll hier dem selben Zweck dienen.

„Wenn man bei einem gemeinen Fernrohr oder Mikroskope dem Objektivglas mehr und mehr Öffnung gibt, so wird stufenweis eine immer größere Undeutlichkeit eintreten, bis zuletzt das Gesichtsfeld bloß noch eine lichte Scheibe vorstellt, ohne die mindeste Andeutung von dem Bilde eines Gegenstandes. Die Ursache dieser Erscheinung entspringt aus zwei Fehlern, mit welchen alle gemeine dioptrische Werkzeuge[96] behaftet sind: der eine rührt von der kugelförmigen Gestalt der Gläser her, wird als der geringere angesehen und der Fehler wegen der Figur[97] genannt. Es vereinigen sich nämlich die Strahlen die unendlich nahe an der Achse des Glases einfallen in einem andern Punkt, als die vom Rande herkommen.

Jedes sphärische Glas läßt sich als eine unendliche Menge aneinander gesetzter kleiner Prismen betrachten; es ist aber bekannt, daß die Prismen das darauffallende weiße Licht von seinem Weg ablenken und in unzählige Farben zerlegen, wovon 3 oder 7 das Auge vorzüglich affizieren[98]. Das weiße durch das Prisma zerlegte Licht ist, wenn die Schneide desselben unterwärts gekehrt ist, am obern Ende violett, am untern rot begrenzt, weil nun das violette Licht stärker von seinem vorigen Weg abgelenkt wird, als das rote und alles dazwischen liegende, so muß es notwendig brechbarer sein, und hieraus entsteht der zweite Fehler, den man denjenigen, wegen der ungleichen Brechbarkeit[99] des Lichts nennt. In einem gemeinen Fernrohr mit großer Öffnung hat das Objektivglas einen anderen Vereinigungspunkt für die mittlern Strahlen nahe an der Achse, einen andern für die am Rande; eine Menge anderer für die zwischen den Achsen und äußersten Randstrahlen inneliegenden; es hat aber auch einen Vereinigungspunkt näher hinter seiner hintern Fläche für das brechbarere violette Licht, einen entferntern für das weniger brechbare rote Licht, und eine Menge Vereinigungspunkte für alles zwischen den violetten und roten inneliegende zerlegte Licht. Es entsteht daher kein Vereinigungspunkt, sondern ein Vereinigungsraum, worin kein Bild zur netten[100] Gestaltung kommen kann, dieses an sich verworrene Bild wird nun durch die Okulare vergrößert, es ist daher kein Wunder, daß die oben angeführte Erscheinung entsteht [...].

---

[96] Alle optischen Instrumente, die aus Linsen zusammengesetzt sind, also alle, bei denen die Abbildung durch Brechungen zustande kommt.
[97] Die sogenannte sphärische Aberration.
[98] Physikalisch gesehen gibt es – vom äußersten Rot bis zum äußersten Violett – eine stete Folge von Strahlenarten mit stetig sich änderndem Brechungsindex; die Einteilung des Spektrums in drei oder sieben (Haupt)Farben dient einer groben Ordnung der Sinneseindrücke und ist mehr oder minder [99] Die sogenannte chromatische Aberration.
[100] „nett" ist hier als Gegensatz zu „verworren", also in der Bedeutung von „genau bestimmt", „unzweideutig" zu verstehen.

Da Newton den Fehler wegen der ungleichen Brechbarkeit des Lichts für unverbesserlich hielt, kam er auf die Idee Spiegel zu Sehwerkzeugen anzuwenden, weil reflektiertes Licht nicht zerlegt wird und der Fehler wegen der Figur nur von einer Kugelfläche herrühren kann, deren Radius immer das Doppelte dessen eines Glases bei gleicher Brennweite ist, er wird dadurch wohl vermindert; aber nicht gänzlich vermieden. In der neuern Zeit will man zwar durch die Anwendung der parabolischen Form denselben vernichtet haben, es läßt sich aber die Wahrheit, daß ein Spiegel mit parabolischer Krümmung geschliffen sei durchaus nicht dartun. Die Sehwerkzeuge mit Gläsern sind denen mit Spiegeln weit vorzuziehen, weil die Spiegel viel Licht verschlucken, ihre Oberfläche leicht oxidiert wird und weil wegen ihrer beträchtlichen Masse, und dem spezifischen Gewicht derselben bei schnellen Temperaturwechsel das Schwitzen unvermeidlich ist. Daher kam Euler[P] im Jahr 1747 durch Betrachtung des Auges[101] auf den Gedanken die Fernröhre aus mehrern brechenden Medien zu konstruieren, bei dieser Gelegenheit erschienen mehrere Memoirs, eines derselben wurde an die Royal Society nach London geschickt; Short[P] gab dasselbe an Dollond[P] als Sach- und Kunstverständigen zur Beurteilung. Dollond war entgegengesetzter Meinung von Euler, teils weil er Eulers Prämissen mißverstanden hatte teils weil er sich auf einen unwahren Satz in Newtons Optik stützte[102]. Eulers Zurechtweisung[103] und Klingenstiernas[P]

---

[101] „Mir hingegen", schreibt Euler in seinem Akademie-Beitrag von 1747, „ist es sogleich vom ersten Anfange wahrscheinlich gewesen, daß man durch gewisse Zusammensetzungen verschiedener durchsichtiger Mittel auch diesem Fehler werden abhelfen können, und ich bin überzeugt, daß die verschiedenen Feuchtigkeiten in unserm Auge so geordnet sind, daß durch dieselben die Ausbreitung und Zerstreuung der Vereinigungspunkte gänzlich gehoben wird (... qu'il n'en résulte aucune diffusion du foyer)." (Euler, Sur la perfection. Zitiert nach Gehlers Übersetzung.)

[102] Der unwahre Satz in Newtons Optik ist ein aus dem 8. Experiment von Book I, Part II gefolgertes Theorem. In seinem 8. Experiment, dem sogenannten Glas-Wasser-Versuch, setzt Newton in ein mit Wasser gefülltes Hohlprisma, dessen brechende Kante nach unten weist, ein Glasprisma mit nach oben gekehrter brechender Kante. Wird nun ein schmales Bündel Sonnenlicht durch diese Kombination von Prismen geschickt und werden deren brechende Winkel verändert, so findet Newton, „daß das Licht, jedesmal wenn es durch entgegengesetzte Brechungen so abgelenkt wird, daß es parallel zur Einfallsrichtung austritt, danach stets weiß bleibt. Wenn aber die austretenden Strahlen gegen die einfallenden geneigt sind, dann wird sich das Weiß des austretenden Lichts in dem Maße als es sich vom Ort seines Austritts entfernt, an den Rändern färben." (Newton, Opticks, S. 129.). Daraus folgert Newton als Theorem I: „Die Überschüsse der Sinus der Brechung verschiedener Strahlenarten über ihren gemeinsamen Sinus des Einfalls stehen, wenn die Brechungen aus unterschiedlichen dichteren Medien unmittelbar in ein und dasselbe dünnere Medium, etwa Luft erfolgen, zueinander in einem gegebenen Verhältnis." (Newton, Opticks, S. 130.) Das bedeutet, daß es keine Brechung ohne Farbenerscheinung geben kann und zwischen Brechungs- und Farbenzerstreuungs-Vermögen ein gesetzmäßiger Zusammenhang bestehen muß:

Fußnote [103] s. Seite 32.

„Gott hat die Natur einfältig gemacht, sie aber suchen viel Künste"   33

Demonstration[104] des Irrigen und Widersprechenden des Newtonschen Satzes bestimmten Dollond zur Wiederholung des Newtonschen Versuchs[105] und er fand wirklich die Newtonsche Behauptung: daß gebrochenes Licht immer gefärbt, hingegen parallel durchgehendes immer weiß sei ungegründet, und hierauf gründete er die Verbesserung der Fernröhre. Seine fernern Nachforschungen nach dazu dienlichen brechenden Medien führten auf die Benutzung von zweierlei in England fabrizierter Glassorten: Kron oder gemeines und Flint oder Kristallglas, welche nahe einerlei Brechkraft für die mittlern; hingegen eine bedeutend verschiedene für die äußern Strahlen besitzen[106], hierbei legte er eine solche Menge mathematischer Kenntnisse an den Tag, daß man sieht wie weit er über seinesgleichen hervorgeragt hat, und daß es wirklich ein Glück war, daß ein Mann von solchen Fähigkeiten, mit Euler in Berührung kommen mußte. Wie leicht zu erachten, kam

---

[102] (*Fortsetzung*) Beim Übergang von einem Medium in ein beliebig anderes ist das Verhältnis der um 1 verminderten Brechungsindizes irgend zweier Farben konstant; oder, in moderner Terminologie ausgedrückt: die Abbesche Zahl ν (vgl. Anm. 30) ist eine materialunabhängige Konstante. – J. Dollond war von der Richtigkeit der Newtonschen Ergebnisse überzeugt; zu seiner Erwiderung auf Eulers Akademie-Beitrag vgl. Dollond, Letters.
[103] Zu Eulers Zurechtweisung vgl. Euler, Examen. – Euler war jedoch ebenso wie Newton und Dollond von der Gültigkeit eines universellen Gesetzes (vgl. Anm. 102) überzeugt; nur daß bei dem seinen statt des Verhältnisses der um 1 verminderten Brechungsindizes das Verhältnis der Logarithmen jener Brechungsindizes konstant ist.
[104] Klingenstierna prüfte 1754 den „Newtonischen Versuch, und desselben darauf gegründete Schlüsse" und kam dabei zu folgendem Ergebnis: „Wenn Newtons Versuch allgemein seine Richtigkeit hätte, so würde daraus nicht ein gewisses Gesetz der Brechung für verschiedene Strahlen, sondern unzählige folgen, die sowohl gegen einander selbst, als gegen die vom Newton selbst angenommenen Gesetze der Brechung streiten. Ich kann also nichts anders daraus folgern, als daß der Versuch selbst in der mathematischen Schärfe nicht richtig sein kann." (Klingenstierna, Anmerkung, S. 302.)
[105] J. Dollond wiederholte 1757 den Newtonschen Glas-Wasser-Versuch (vgl. Anm. 102) und teilte seine, den Newtonschen widersprechenden Versuchsergebnisse 1758 in Royal Society mit. (Vgl. J. Dollond, An account.)
[106] Nach dem für ihn unerwarteten Ausgang des Glas-Wasser-Versuchs experimentierte J. Dollond statt mit Wasser und Glas nun auch mit unterschiedlichen Glassorten. Das Ergebnis dieser Bemühungen war eine tatsächlich achromatische Kombination aus einer Konvexlinse von Kronglas und einer Konkavlinse von Flintglas. – Die in der Optik gebrauchten Gläser wurden ursprünglich nur in die beiden Arten Krongläser und Flintgläser eingeteilt. Kronglas (crown-glass) hat seinen Namen von der Form eines Zwischenprodukts bei seiner Fertigung, Flintglas (flint-glass) den seinen von den Feuersteinen, die seiner Schmelze statt des Quarzsandes beigemengt wurden. Krongläser, die aus Quarzsand, Soda und Kalk geschmolzen werden, haben schwächeres Brechungs- und geringeres Farbenzerstreuungs-Vermögen; Flintgläser, die aus Quarzsand, Pottasche und Mennige geschmolzen werden, haben stärkeres Brechungs- und größeres Farbenzerstreuungs-Vermögen. (J. Dollond hat für sein Kronglas ein mittleres Brechungsvermögen von $n = 1{,}5297$, für sein Flintglas eines von $n = 1{,}5830$ angegeben. Das Verhältnis der Zerstreuungs-Vermögen zwischen Flint- und Kronglas hat er als 3 zu 2 bestimmt.)

Dollond erst nach vielen vergeblichen Versuchen dahin: Fernröhre darzustellen, die alles, was vor ihm geleistet worden war, bei Weitem übertrafen"[107].

Personen- und Schriftenverzeichnis

BIOT, Jean Baptiste (1774–1862)
  französischer Physiker; Mitglied des Institut de France; Professor für Astronomie an der Pariser Universität; neben dem Schotten David Brewster (1781–1868) der bedeutendste und zugleich hartnäckigste Verfechter der Korpuskulartheorie des Lichts; einflußreich nicht zuletzt durch seine Lehrbücher, die Goethe abscheulich fand.
  TRAITÉ DE PHYSIQUE expérimentale et mathématique. 4 Bde., Paris 1816.

*BLAIR, Robert (?–1828)
  schottischer Mediziner und Astronom; Professor für Astronomie an der Universität Edinburgh.
  EXPERIMENTS and observations on the unequal refrangibility of light. In: Transactions of the Royal Society of Edinburgh 3(1794) 3–76.

CHLADNI, Ernst Florens Friedrich (1756–1827)
  deutscher Physiker, entdeckte die nach ihm benannten Klangfiguren; reiste durch halb Europa, um Vorlesungen über Akustik zu halten. *Was meiner Farbenlehre eigentlich ermangelte,* so schreibt Goethe am 29. Juni 1829 an Schultz, *war, daß nicht ein Mann wie Chladni sie ersonnen oder sich ihrer bemächtigt hat; es mußte einer mit einem kompendiosen Apparat Deutschland bereisen, durch das Hokus Pokus der Versuche die Aufmerksamkeit erregen.*
  Verschiedene physikalische BEMERKUNGEN aus einem Briefe des D. Chladni. In: Annalen der Physik 59(1818) 1–3.

*DOLLOND, John (1706–1761)
  englischer Optiker und Instrumentenbauer.
  LETTERS relating to a theorem of Mr. Euler [...]. In: Philosophical Transactions of the Royal Society 48(1753) 287–289 (vgl. SHORT).
  AN ACCOUNT of some experiments concerning the different refrangibility of light. In: Phil. Trans. 50(1758) 733–743.

---

[107] „Man nennt daher auch ein solches [achromatisches] Fernrohr einen Dollond", vermerkt die Real-Enzyklopädie (vgl. Anm. 90) beim Stichwort „Dollond". – Nach John Dollonds Tod setzten sein Sohn Peter und sein Schwiegersohn Ramsden seine Arbeit fort und verbesserten die Qualität der Fernrohre durch dreilinsige Objektive. Auch lieferten d'Alembert, Boscovič, Clairaut und Zeiher nennenswerte Beiträge zur Theorie und Berechnung achromatischer Objektive, insbesondere zum Problem der Restfarben. (Vgl. Anm. 31.) Aber theoretische und praktische Bemühungen liefen beziehungslos nebeneinander her. Die entscheidenden Verbesserungen gelangen erst Fraunhofer, der theoretischen Geist und *entschieden technische Meisterschaft* auf so glückliche und einzige Art in seiner Person vereinte.

*EULER, Leonhard (1707–1783)
schweizer Mathematiker und Physiker; wirkte an den Akademien von Berlin und St. Petersburg; vertrat nachdrücklich die Wellentheorie des Lichts.

SUR LA PERFECTION des verres objectifs des lunettes. In: Mémoires de l'Académie des Sciences de Berlin 3(1747) 274–296 (ersch. 1749).

EXAMEN d'une controverse sur la loi de réfraction des rayons de différentes couleurs par rapport à la diversité des milieux transparens par lesquels ils sont transmis. In: Mémoires des l'Académie des Sciences de Berlin 9(1753) 294–309 (ersch. 1755).

FRAUNHOFER, Joseph v. (1787–1826)
deutscher Optiker und Physiker; Mitglied der Münchner Akademie der Wissenschaften.

BESTIMMUNG des Brechungs- und Farbenzerstreuungs-Vermögens verschiedener Glasarten, in Bezug auf die Vervollkommnung achromatischer Fernröhre. In: Denkschriften der Königlichen Akademie der Wissenschaften zu München für die Jahre 1814 und 1815, 5(1817) 193–226.

DÉTERMINATION du pouvoir réfringent et dispersif de différentes espèces de verre, recherches destinées au perfectionnement des lunettes achromatiques. In: Astronomische Abhandlungen 2(1823) 13–45.

NEUE MODIFIKATION des Lichtes durch gegenseitige Einwirkung und Beugung der Strahlen, und Gesetze derselben. In: Denkschriften der Königlichen Akademie der Wissenschaften zu München für die Jahre 1821 und 1822, 8(1824) 3–76.

KURZER BERICHT von den Resultaten neuerer Versuche über die Gesetze des Lichtes, und die Theorie derselben. In: Annalen der Physik 74(1823) 337–378.

FRESNEL, Augustin Jean (1788–1827)
französischer Ingenieur und Physiker; Mitglied der Pariser Akademie; begründete durch seine Arbeiten die moderne Wellentheorie des Lichts.

DE LA LUMIÈRE (Extrait du supplément à la traduction française de la chimie de Thomson, 1822). In: Œuvres complètes d'Augustin Fresnel. Bd. 2, Paris 1868, S. 3–141.

FRIES, Jakob Friedrich (1773–1843)
deutscher Philosoph und Mathematiker; Professor für Mathematik, Philosophie und Physik an den Universitäten Heidelberg und Jena; einer, der unter Goethes Augen *den alten Schulplunder auf dem akademischen Trödelmarkt feil geboten* hat.

GOETHE, Johann Wolfgang v. (1749–1832)
Sachsen-Weimarischer Minister und gefeierter Dichter; Verfasser einer Farbenlehre und anderer Schriften zur Optik.

Zur Farbenlehre, Tübingen 1810:

ENTWURF einer Farbenlehre. Des ersten Bandes erster, didaktischer Teil (= LA I 4).

Enthüllung der Theorie Newtons. Des ersten Bandes zweiter, POLEMISCHER TEIL (= LA I 5).

Materialien zur GESCHICHTE DER FARBENLEHRE. Des zweiten Bandes erster, historischer Teil (= LA I 6).

*GRIMALDI, Francesco Maria S. J. (1618–1663)
Professor für Mathematik am Jesuitenkolleg zu Bologna; Entdecker der Diffraktion (Beugung) des Lichts.

PHYSICO-MATHESIS DE LUMINE, coloribus et iride, Bologna 1665.

HANSEN, Peter Andreas (1795–1874)
deutscher Astronom; seit 1825 Direktor der Sternwarte auf dem Seeberg bei Gotha.

HERSCHEL, John Frederick William (1792–1871)
englischer Chemiker, Physiker und Astronom; FRS; Verfasser zahlreicher Abhandlungen zur Astronomie, daneben auch solcher zur Optik.
VOM LICHT. Aus dem Englischen übersetzt v. J. Eduard Schmidt, Stuttgart und Tübingen 1831.

JOHN, Johann August Friedrich (1794–1854)
Schreiber bei Goethe seit Spätherbst 1814.

*KLINGENSTIERNA, Samuel (1698–1765)
schwedischer Mathematiker und Physiker; Professor für Mathematik an der Universität Upsala; Informator des schwedischen Kronprinzen.
ANMERKUNG über das Gesetz der Brechung bei Lichtstrahlen von verschiedener Art, wenn sie durch ein durchsichtiges Mittel in verschiedene andere gehen. In: Der Königl. Schwedischen Akademie der Wissenschaften Abhandlungen [...] auf das Jahr 1754. Aus dem Schwedischen übersetzt, von Abraham Gotthelf Kästner, 16(1756) 300–309.

KÖRNER, Johann Christian Friedrich (1778–1847)
„der geschickte, und bei weitem noch nicht nach Verdienst bekannte Hr. Hofmechanikus", wie ihn Münchow 1816 apostrophierte, wurde später auch Dozent an der Jenaer Universität. „Herr Körner", so preist ihn Münchow, „besitzt [...] bei einer sehr geschickten Hand physikalische und mathematische Kenntnis genug, um nicht allein optische Formeln lesen und nach ihnen rechnen zu können, sondern selbst die Gründe ihres Aufbaues und den Grad ihrer Zuverlässigkeit zu verstehen." (Vgl. Münchow, Bemerkungen, S. 448.) Aber alle Kenntnis und alle Geschicklichkeit reichten nicht aus, um Goethe die Bedeutung der Fraunhoferschen Entdeckungen begreiflich zu machen; und sie waren zu gering, um gegen die übermächtige Konkurrenz aus Benediktbeuern und München bestehen zu können.
ÜBER FLINTGLAS-BEREITUNG, Berechnung, Schleifen und Zentrieren achromatischer Objektive. In: Archiv für die gesamte Naturlehre 7(1826) 233–252; 11(1827) 318–359.
ANLEITUNG zur Verfertigung achromatischer Fernröhre, aus dem Englischen der mechanical Philosophy, by Robison, übersetzt und mit Noten und einem Anhange begleitet, Jena 1828.

MALUS, Étienne Louis (1775–1812)
französischer Physiker und Ingenieur-Offizier; befaßte sich ebenso ausschließlich wie erfolgreich mit Polarisation und Doppelbrechung des Lichts.
THÉORIE de la double réfraction de la lumière dans les substances cristalisées, Paris 1810.
ÜBER DIE ERSCHEINUNGEN, welche die Zurückwerfung und die Brechung des Lichts begleiten. Frei übersetzt von Gilbert. In: Annalen der Physik 40(1812) 119–131.

MÜNCHOW, Karl Dietrich v. (1778–1836)
deutscher Astronom und Mathematiker; Professor für Philosophie und Aufseher der Sternwarte an der Universität Jena; Professor für Astronomie, Mathematik und Physik in Bonn.
BEMERKUNGEN zur Verfertigung achromatischer Objektive. In: Zeitschrift für Astronomie 2(1816) 448–462.

*NEWTON, Isaak (1643–1727)
   englischer Mathematiker und Physiker; FRS; der Wert seiner Beiträge zur Optik wurde von Goethe recht gering geschätzt.
OPTICKS; or a treatise of the reflections, refractions, inflections and colours of light. 4. Aufl., London 1730.
OPTIK oder Abhandlung über Spiegelungen, Brechungen, Beugungen und Farben des Lichts. Übersetzt und herausgegeben von William Abendroth, Leipzig 1898. (Nachdruck Braunschweig 1983.)

ROBISON, John (1739–1805)
   schottischer Physiker; Professor für Physik an der Universität Edinburgh. (Vgl. KÖRNER, Anleitung.)

SCHWEIGGER, Johann Salomo Christoph (1779–1857)
   deutscher Chemiker und Physiker; Professor für Physik und Chemie an den Universitäten Erlangen und Halle; Herausgeber des Journals für Chemie und Physik.

SHORT, James (1710–1768)
   schottischer Astronom und Instrumentenbauer; FRS; über ihn lief der Briefwechsel zwischen Dollond und Euler.

SÖMMERRING, Samuel Thomas (1755–1830)
   deutscher Mediziner; Professor der Anatomie am Carolinum in Kassel und an der Universität Mainz; Mitglied der Münchner Akademie der Wissenschaften.

SOLDNER, Johann v. (1777–1833)
   deutscher Astronom; Konservator der Sternwarte Bogenhausen bei München; Mitglied der Münchner Akademie der Wissenschaften.

VOIGT, Friedrich Siegmund (1781–1850)
   deutscher Mediziner und Botaniker; Professor der Medizin an der Universität Jena und Direktor des botanischen Gartens.

WOLLASTON, William Hyde (1766–1828)
   englischer Mediziner und Physiker; FRS; entdeckte schon vor Fraunhofer die dunklen Linien im Sonnenspektrum.
A METHOD of examining refractive and dispersive powers, by prismatic reflection. In: Philosophical Transactions of the Royal Society of London 1802, S. 365–380 (a.a.O., S. 378–380).

YOUNG, Thomas (1773–1829)
   englischer Mediziner und Physiker; Professor für Physik an der Royal Institution; entdeckte die Interferenz des Lichts und lieferte vor Fresnel die wichtigsten Beiträge zur Begründung der Wellentheorie des Lichts. Er schrieb eine nach Seebecks Meinung „ganz gehaltlose, platte, tückische Rezension" über Goethes Farbenlehre; für Goethe war er ein Mensch, *der der Sache nicht gewachsen ist* und bloß *salbadert*.
ON THE THEORY of light and colours (1802). In: Miscellaneous Works. Bd. 1, London 1855, S. 140–169.

Benutzte Literatur

BOEGEHOLD, Hans: Der Glas-Wasser-Versuch von Newton und Dollond. In: Forschungen zur Geschichte der Optik 1.1(1928) 7–40.

BOEGEHOLD, Hans: Die Lehre von der Beugung bis zu Fresnel und Fraunhofer. In: Die Naturwissenschaften 14(1926) 523–533.

JÖRG, Leonhard: Fraunhofer und seine Verdienste um die Optik, München 1859.

ROHR, Moritz v.: J. Fraunhofers Forschungen zur Glasbeschaffenheit und Farbenhebung sowie seine Leitung der Glashütte zu Benediktbeuern. In: Zeitschrift für Instrumentenkunde 46(1926) 273–289.

ROHR, Moritz v.: Joseph Fraunhofer als der Schöpfer der deutschen Feinoptik. In: Die Naturwissenschaften 14(1926) 539–552.

SCHRAMM, Matthias: Der Beitrag J. v. Fraunhofers zur Astronomie. In: Mitteilungen der Astronomischen Gesellschaft 40(1976) 91–110.

Siglen

GSA: Goethe- und Schiller-Archiv, Weimar.

LA: Goethes Schriften zur Naturwissenschaft, Weimar 1947ff. (Leopoldina-Ausgabe); Abt. I Texte; Abt. II Ergänzungen und Erläuterungen.

WA: Goethes Werke, Weimarer Sophienausgabe, Weimar 1887ff.; Abt. I Werke; Abt. II Naturwissenschaftliche Schriften; Abt. III Tagebücher; Abt. IV Briefe.

FRS: Fellow of the Royal Society.

*BLAIR: Die durch Asteriskus gekennzeichneten Personen werden auch in der *Geschichte der Farbenlehre* behandelt.

Inhalt
Jahrgang 1990

M. BECKE-GOEHRING
Freunde in der Zeit des Aufbruchs der Chemie
Der Briefwechsel zwischen Theodor Curtius
Carl Duisberg 1

G. CONTE, F. GIANNESSI, M. CORNALI
Hemodynamics and the Development of Certain Malformations
of the Great Arteries 203

F. LINDER, J. STEFFENS, M. ZIEGLER
Surgical Observations and Their Consequences 241

A. MANGINI, A. EISENHAUER, P. WALTER
The Relevance of Manganese in the Ocean for the Climatic Cycles
in the Quaternary 259

H. MOHR
Der Stickstoff –
ein kritisches Element der Biosphäre 291

F. VOGEL
Humangenetik und Konzepte der Krankheit 331

H. ZEHE
„Gott hat die Natur einfältig gemacht, sie aber suchen viel Künste"
Goethes Reaktion auf die Fraunhoferschen Entdeckungen 355

Sitzungsberichte der Heidelberger Akademie der Wissenschaften
Mathematisch-naturwissenschaftliche Klasse

Die Jahrgänge bis 1921 einschließlich erschienen im Verlag von Carl Winter, Universitätsbuchhandlung in Heidelberg, die Jahrgänge 1922–1933 im Verlag Walter de Gruyter & Co. in Berlin, die Jahrgänge 1934–1944 bei der Weißschen Universitätsbuchhandlung in Heidelberg. 1945, 1946 und 1947 sind keine Sitzungsberichte erschienen.

Ab Jahrgang 1948 erscheinen die „Sitzungsberichte" im Springer-Verlag.

Inhalt des Jahrgangs 1986:
1. W. Doerr. Hat das Menschengeschlecht eine biologische Zukunft? DM 22,50.
2. G. Schettler. Der Stoffwechsel der Plasmalipoproteine und seine Bedeutung für die Pathogenese der Arteriosklerose. DM 38,–.
3. A. Fröhlich. Tame Representations of Local Weil Groups and of Chain Groups of Local Principal Orders. DM 55,–.
4. W. Doerr. Pathologie in Heidelberg. Stufen nach 1945. DM 14,80.

Inhalt des Jahrgangs 1987/88:
1. H. Schipperges. Eine „Summa Medicinae" bei Avicenna. Zur Krankheitslehre und Heilkunde des Ibn Sīnā (980–1037). DM 34,80.
2. H. Elsässer. Aktive Galaxien. DM 32,–.
3. W. Rauh. Tropische Hochgebirgspflanzen. Geb. DM 98,–.

G. Stehle, R. Bernhardt. Coronary Risk Factors in Japan and China. Supplement. Brosch. DM 34,–.

L. Arab, W. Wittler, G. Schettler. European Food Composition Tables in Translation. Supplement. Brosch. DM 79,–.

G. Schettler (Ed.). Molecular Biology of the Arterial Wall. Supplement. Brosch. DM 42,–.

W. Doerr, H. Schipperges (Hrsg.). Modelle der Pathologischen Physiologie. Supplement. Geb. DM 108,–.

W. Doerr, G.B. Gruber. Problemgeschichte kritischer Fragen. Angeborene Herzfehler – Schlagaderdifformitäten – Krankheitsbegriff – Homologieprinzip – Ethik. Supplement. Geb. DM 82,–.

G. Schettler (Ed.). Endemic Diseases and Risk Factors for Atherosclerosis in the Far East. Supplement. Brosch. DM 34,65.

G. Schettler, R.B. Jennings, E. Rapaport, N.K. Wenger, R. Bernhardt (Eds.). Reperfusion and Revascularization in Acute Myocardial Infarction. Supplement. Geb. DM 134,–.

G. Schettler, D. Marmé (Hrsg.). Wachstumsfaktoren und Onkogenprodukte bei Entstehung und Regression der Arteriosklerose. Supplement. Brosch. DM 43,–.

G. Schettler (Ed.). Recent Results of Research on Arteriosclerosis. Supplement. Brosch. DM 24,–.

L. Arab-Kohlmeier, W. Sichert-Oevermann. Thiaminzufuhr und Thiaminstatus der Bevölkerung in der Bundesrepublik Deutschland. Supplement. Brosch. DM 49,–.

MIX
Papier aus verantwortungsvollen Quellen
Paper from responsible sources
FSC® C105338

If you have any concerns about our products,
you can contact us on
ProductSafety@springernature.com

In case Publisher is established outside the EU,
the EU authorized representative is:
**Springer Nature Customer Service Center GmbH
Europaplatz 3, 69115 Heidelberg, Germany**

Printed by Libri Plureos GmbH
in Hamburg, Germany